高 等 院 校 木 材 科 学 与 工 程 专 业 规 划 教 材

纤维板制造学

FIBERBOARD MANUFACTURING

张 洋 主 编
金春德 张桂兰 副主编
王传贵 主 审

中国林业出版社

图书在版编目（CIP）数据

纤维板制造学／张洋主编．－北京：中国林业出版社，2013.1
高等院校木材科学与工程专业规划教材
ISBN 978-7-5038-6950-1

Ⅰ.①纤… Ⅱ.①张… Ⅲ.①纤维板－制板工艺－高等学校－教材 Ⅳ.①TS653.6

中国版本图书馆CIP数据核字（2013）第019003号

中国林业出版社·教材出版中心

策划、责任编辑：杜 娟

电话、传真：83280473 83220109

出版发行 中国林业出版社（100009 北京市西城区德内大街刘海胡同7号）
E-mail:jiaocaipublic@163.com 电话:(010)83223119
http://lycb.forestry.gov.cn

经 销 新华书店
印 刷 北京昌平百善印刷厂
版 次 2012年12月第1版
印 次 2012年12月第1次印刷
开 本 850mm×1168mm 1/16
印 张 8.75
字 数 210千字
定 价 24.00元

木材科学及设计艺术学科教材

编写指导委员会

顾　　问　江泽慧　张齐生　李　坚　胡景初

主　　任　周定国

副 主 任　赵广杰　王逢瑚　吴智慧　向仕龙　杜官本　费本华

“木材科学与工程”学科组

组长委员　周定国

副组长委员　赵广杰　刘一星　向仕龙　杜官本

委　　员（以姓氏笔画为序）

于志明　马灵飞　王喜明　吕建雄　伊松林　刘志军

刘盛全　齐锦秋　孙正军　杜春贵　李凯夫　李建章

李　黎　吴义强　吴章康　时君友　邱增处　沈　隽

张士成　张　洋　罗建举　金春德　周捍东　周晓燕

夏玉芳　顾继友　徐有明　梅长彤　韩　健　谢拥群

秘　　书　徐信武

前　言

人造板工业是林产工业领域的一个重要分支，与人类社会的发展、生态环境的建设以及科学技术的进步有着紧密的联系。近几十年来，特别是改革开放三十多年以来，我国人造板工业获得了突飞猛进的发展，发生了翻天覆地的变化。目前，我国人造板产量已居世界之首。我国正在朝着人造板工业大国和强国的目标迈进。

伴随着人造板工业的科技进步，专业人才培养也受到了国家、企业和全社会的高度重视。历经几代人的努力，开设木材科学与工程专业的各高校在“人造板工艺学”的课程设置和教材建设方面形成了自己的优势和特色，为我国人造板工业技术创新和赶超世界先进水平发挥了重要的作用。为了促进人造板教材的结构调整和质量提升，教育界提出了《胶合板制造学》、《纤维板制造学》和《刨花板制造学》三书合一的大胆构想，编写了《人造板工艺学》新教材。该教材以原料单元为主线，以工艺过程为重点，以材料改性为突破，形成了独特的个性和亮点，受到了各个学校和广大师生的欢迎，至今已进行了第二次修订，多次重印，并被评为教育部国家级规划教材及江苏省级精品教材。

在肯定新教材各方面优点的同时，编者和读者已经注意到该教材存在不足之处，比如，新教材在引进专业概念和具体技术时，入门起点偏高，引进速度偏快，学生的注意力难以集中，因此希望有一个循序渐进的平稳过渡。在广泛进行调查研究的基础上，我们组织编写了《胶合板制造学》、《纤维板制造学》和《刨花板制造学》三本教材，作为新教材的入门专业教材。这三本教材的共同特点是：既重视理论，更重视实践；既重视原料单元，更重视产品结构；既重视产业传承，更重视技术创新。相信这三本教材在人造板专业教学改革中必将发挥重要的作用。

本书由南京林业大学张洋教授（编写第1、6、7章，第8.2节）任主编，浙江农林大学金春德教授（编写第2、3章，第8.1节）和内蒙古农业大学张桂兰教授（编写第4、5章，第8.3节）任副主编。张洋负责全文通稿，安徽农业大学王传贵教授担任本书主审。我们谨向为本书写作、编辑、出版和发行等作出积极贡献的各位专家、教授（其中特别包括年轻的专家学者）和出版工作者表示衷心的感谢！

本书适合本科生在上“人造板工艺学”专业课程前先期阅读，提前接受专业感性认识，也可用作大学生进行生产实习的专业辅助读物，还可供企业管理人员及操作工人阅读。

由于作者水平所限，书中难免存在不妥之处，请广大读者批评指正，以便再版时得以纠正。

编　者

2012年7月

目 录

第1章 综 述

本章重点介绍了纤维板的发展概况，纤维板的定义、分类和工艺流程，以及纤维板的性能和用途。

1.1 纤维板的发展概况

1.1.1 发展历程

纤维板制造脱胎于造纸工业中的纸板生产技术，开始生产的是软质纤维板，20世纪初在美国等国成为一种工业。1926年应用Mason爆破法开始生产硬质纤维板，1931年发明了Asplund续式木片热磨机后促进了湿法硬质纤维板的发展，相应方法成为主要的生产方法。1952年美国开始生产干法硬质纤维板；1965年开始正式建厂生产中密度纤维板(MDF)。我国在1958年开始生产湿法硬质纤维板，20世纪80年代开始发展中密度纤维板。由于湿法生产的废水处理和成本等问题，使干法生产成为纤维板发展的趋势。中密度纤维板是人造板中发展最迅速的品种，近年内国内年增长率超过10%，1993年产量为770万m^3，1996年达1500万m^3，2000年达2100万m^3，截止到2008年年底，全国已经有661条中密度纤维板生产线，产能达到3004.6万m^3，我国成为世界中密度纤维板生产第一大国。

1.1.2 生产概况

国内外纤维板生产的统计资料表明，中密度纤维板是人造板中发展最迅速的品种。近15年内，其国内产量以13%的年增长率上升，1993年产量为770万m^3，1996年达1500万m^3，2000年达2100万m^3。进入21世纪以来，我国中高密度纤维板出口量大幅度增长，应用范围不断扩大。每年，家具、复合地板、建筑装修、包装等行业需要大量中密度纤维板，使其生产不断发展壮大，2010年我国纤维板年产量已经超过4000万m^3。

1.2 纤维板的定义与分类

1.2.1 纤维板的定义

纤维板是以木材纤维或其他植物纤维为原料，施加脲醛树脂或其他合成树脂，或者不施加树脂，经过加热或同时加压而制成的一种板材。根据产品的用途和性能要求，在纤维板制造过程中，还可以采取不同方式加入其他添加剂，以提高产品的耐水、阻燃、防腐等性能。通常，纤维板的厚度超过1.0mm。

纤维板生产使用的木材原料主要有“三剩物”和次小薪材等。其中，“三剩物”是指采伐剩余物（枝丫、树梢、树根、灌木等）、造材剩余物（造材截头、枝条等）和加工剩余物（板皮、板条、锯末、碎单板、木芯、刨花、边角余料等），次小薪材是指次加工材（指材质低于针、阔叶树加工用原木最低等级，但具有一定利用价值的次加工原木，如劣等原木和小径材等）。纤维板生产使用的其他植物纤维原料主要有竹材、农作物秸秆、蔗渣和农作物加工剩余物等。

通常，纤维板生产需要施加脲醛树脂或其他合成树脂，以满足纤维之间的胶合需要。然而，湿法生产纤维板可以不施加树脂，其成板理论是氢键结合理论和木素结合理论。

湿法生产软质纤维板时不需要加压，只用加热干燥即可。其他种类的纤维板制造则需要同时加热和加压。

1.2.2 纤维板的分类

（1）根据纤维板生产工艺分类

①湿法生产工艺：以水作为纤维运输的载体，通过纤维制备、湿法成型、脱水、干燥或热压等工序制造出纤维板。

②干法生产工艺：以空气为纤维运输载体，通过纤维制备、施胶、干燥、铺装、预压、热压等工序制造出纤维板。

纤维板生产也可以使用半干法和湿干法生产工艺，这两种工艺在生产上几乎没有采用。半干法生产以空气为介质，将含水率为20%～30%的纤维铺装成板坯后，再经过预压、热压等工序制造出纤维板。湿干法生产以水为介质，通过湿法成型和脱水，板坯经干燥后在几乎呈绝干状态下热压出纤维板。

（2）根据纤维板产品密度分类

湿法生产的纤维板产品可以分为：硬质纤维板，密度大于或等于900kg/m^3；半硬质（中密度）纤维板，密度大于或等于400kg/m^3，小于900kg/m^3；软质纤维板，密度大于或等于230kg/m^3，小于400kg/m^3。

干法生产的纤维板产品可以分为：高密度纤维板，名义密度大于或等于800kg/m^3；中密度纤维板，名义密度大于或等于450kg/m^3，小于800kg/m^3；低密度纤维板，名义密度小于450kg/m^3。

纤维板的密度在名义密度（理论上密度）范围的±10%内，并符合指定类型纤维板的所有性能要求时，便可以将产品归类到该类型板材。

（3）按照不同使用条件和用途分类

根据使用条件，纤维板可以分为如下三类：

①室内型纤维板：不具有短期经受水浸渍或高湿度作用的性能的纤维板。

②防潮型纤维板：具有短期经受冷水浸渍或高湿度作用的性能的纤维板，适合于室内厨房、卫生间等环境使用。

③室外型纤维板：具有经受气候条件的老化作用、水浸泡或在通风场所经受水蒸气

的湿热作用的性能的纤维板。

根据用途，纤维板可以分为普通、家具和承重三类；根据使用条件，也可以分为干燥、潮湿、高湿和室外四种；另外，纤维板还有附加分类如下：

①REG(Regular)纤维板：仅用于干燥条件下。

②MR(Moisture Resistant)纤维板：用于湿度条件下。

③HMR(High Moisture Resistant)纤维板：用于高湿度条件下。

④EXT(Exterior)纤维板：用于地表室外条件下。

⑤Load Bearing Fibreboard 纤维板：用于结构或承载条件下。

⑥General Prupose Grade 纤维板：用于不需要具备家具或承载等级的特殊性能要求的普通场合。

⑦Furniture Grade 纤维板：用于家具制造、橱柜制作与细木工制品，以及以此为加工材料进行表面装饰处理。

1.3　纤维板的工艺流程

纤维板工业化生产起源于美国，最初采用湿法工艺，1914 年建立了磨木浆制造软质纤维板的示范工厂，1926 年湿法硬质纤维板开始工业化生产。直至 20 世纪 80 年代中期，湿法纤维板工业仍是我国人造板工业的主体，湿法硬质板年产量达 120 万 t，生产企业最多时约达 500 家。其他种类的湿法板产量都很少，生产企业也只是少数几家或十几家，由于生产废水的环境污染和处理成本等原因，使我国的湿法纤维板生产呈下降趋势，目前仅有少量厂家在生产。

纤维板的干法生产工艺从 20 世纪 60 年代问世以来，已经逐渐取代湿法生产工艺，我国干法纤维板工艺的研发可追溯至 1966 年，1970 年在上海人造板厂建成了年产 5000t 的干法硬质板车间，使用酚醛胶。1974 年开始了中密度纤维板的研发工作，20 世纪 80 年代初自行设计建成了中密度纤维板生产线，同时也开始引进工业发达国家技术先进的中密度纤维板生产线。

(1)干法中密度纤维板生产工艺

中密度纤维板(MDF)是纤维板中最主要的产品，是以木质纤维或其他植物纤维为原料，经木片制备及筛选工段、纤维制备工段、调供胶工段、纤维干燥工段、成型及后处理工段、砂光工段等加工制成的密度在 450 ~ 880kg/cm^3 的板材。具体工艺流程如下：

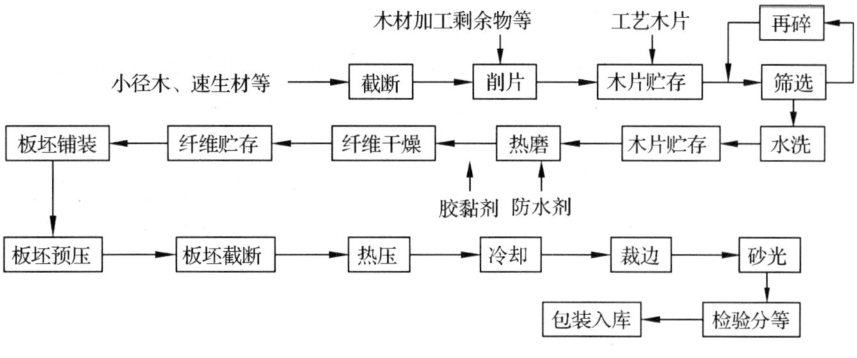

原料经过削片机切削成一定规格的木片至料仓贮存，经过筛选，将木片中的细屑、泥土及砂石等杂质清除。木片经运输设备送入热磨机上料仓，然后经过螺旋进料器均匀进入预热蒸煮器，将木片蒸煮软化，使纤维更易分离，蒸煮后的木片通过螺旋进料器挤压成木塞，进入磨室，在热和机械作用下分离成纤维。熔融石蜡或其他防水剂直接送入热磨机，在两磨盘的挤压和揉搓下使石蜡均匀地与纤维混合在一起。胶黏剂在一定压力下经管道输送到热磨机纤维喷放管中与纤维进行充分混合。施过胶的纤维随热磨机的蒸汽由喷放管喷入干燥管，然后由高温的热风以正压力输送方式将湿纤维沿干燥管道送入旋风分离器，输送过程中在热风的作用下纤维中的水分随之蒸发，干燥后的纤维与含有水蒸气的空气在旋风分离器中进行分离后，送入干纤维料仓贮存。干燥过的纤维送入铺装机，通过铺装，使纤维均匀落在成型网带上，网带下的真空箱可调节负压，使成型板坯密度更加均匀。蓬松的板坯经预压机预压密实后，经板坯纵、横截锯制成符合规格长度的板坯(如果是连续压机则省略横截工序)，然后经锯边运输机、加速传送带运输机、贮板运输机、伸缩式运输机等连续运输至装板机，装板机逐层装完板坯后，将板坯送入热压机，板坯在热压机的温度和压力作用下形成规定的厚度，并使内部胶黏剂固化，从而制成具有一定强度的板材。通过卸板机，将中密度纤维板卸至托架，在吊笼逐层下降时由出板机构逐块卸出，运至下一工序。热压后的毛板经过冷却翻板机自然冷却后锯边堆垛。毛板在砂光前先堆垛贮存一段时间，使胶进一步固化以及让板的含水率与大气的相对含水率趋于平衡。毛板由叉车送入进料辊台，经砂光机砂光后分等、堆垛、包装入库。

(2)湿法硬质纤维板生产工艺

湿法硬质纤维板生产工艺如下：

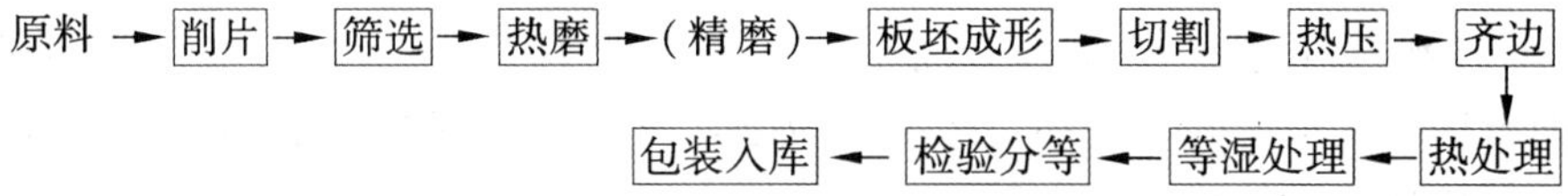

原料经过削片机切削成一定规格的木片至料仓贮存，经过筛选，将木片中的细屑、泥土及砂石等杂质清除。木片经运输设备送入热磨机上料仓，然后经过螺旋进料器均匀进入预热蒸煮器，将木片蒸煮软化，使纤维更易分离，蒸煮后的木片通过螺旋进料器挤压成木塞，进入磨室，在热和机械作用下分离成纤维，必要时通过精磨使纤维进一步细化。湿法生产中水作为主要载体，成型时由于工艺原因浆液的浓度很低(1.2% ~ 2.0%)，要使水溶液中的少量纤维最终达到预定的厚度和形成密实的板坯，必须有一个脱水浓缩的过程，常用的长网成型机是通过(高位槽)网案、真空箱和压榨等三个程序段来完成板坯成型的。板坯成型后呈带状，在进入周期式热压机之前，需要切成一定的规格，切割工具可以使用无齿圆锯片、高压水流或电磁轧刀，进行横向切断。切割后的板坯与金属垫板一起送至装板机，装板机逐层装完板坯后，将其送入热压机热压，热压后的硬质纤维板与金属垫板分离后齐边，再经过热处理和等湿处理，最后检验分等，包装入库。

1.4 纤维板的性能和用途

纤维板的主要物理力学性能包括静曲强度、内结合强度、吸水厚度膨胀率等。在我国，中密度纤维板的主要用途是制作家具，国家标准 GB/T 11718—2009 中的相关性能要求见表1-1。

表1-1 干燥状态下使用的家具型中密度纤维板(MDF-FN REG)性能要求

性能指标	单位	公称厚度范围(mm)						
		≥1.5~3.5	>3.5~6	>6~9	>9~13	>13~22	>22~34	>34
静曲强度	MPa	30.0	28.0	27.0	26.0	24.0	23.0	21.0
弹性模量	MPa	2800	2600	2600	2500	2300	1800	1800
内结合强度	MPa	0.60	0.50	0.60	0.50	0.45	0.40	0.40
吸水厚度膨胀率	%	45.0	35.0	20.	15.0	12.0	10.0	8.0
表面结合强度	MPa	0.60	0.60	0.60	0.60	0.90	0.90	0.90

中密度纤维板在家具工业中得到广泛应用，是由于它具有优良的物理力学性能、装饰性能和加工性能。中密度纤维板组织均匀，纤维间的胶合强度高，密度适中，尺寸稳定性好，具有良好的静曲强度、平面抗拉强度、弹性模量、握螺钉力，吸湿、吸水性能及厚度膨胀率较低，可以很好地满足家具材料的要求。中密度纤维板表面平整、光滑，适合于表面直接涂饰，也便于表面贴薄木、装饰纸、塑料薄膜等饰面材料。如果中密度纤维板直接涂饰，则其只需要经过一次砂光。其板件的侧边涂漆可以选择与板件平面同时加工，便于涂饰和节约涂料。而且中密度纤维板有效避免了节子、腐朽、虫蛀等天然木材的缺陷，经高档薄木饰面后制造的板式家具，可以达到高档木材的效果。

中密度纤维板的厚度从几毫米到几十毫米，可以代替不同厚度的板方材，并且具有良好的机械加工性能，可锯切、钻孔、开槽、开榫、砂光加工、雕刻、铣边等，侧面密实可以不封边，板的边缘可按不同形状加工，加工后表面光滑。使用中密度纤维可以制造组合式家具、电脑雕花装饰家具、厨房家具，以及实木家具的顶面、侧面、底面等。用纤维板制作的家具可减少拼缝和封边工序，通过揉铣加工出多种造型，满足不同类型家具的要求。

纤维板还可用在建筑材料、包装材料、车船制造等方面。在建筑方面，纤维板可以用作非承重的内外隔墙板、建筑模板、活动房复合地板、夹板门、浮雕门、室内装饰、地板、装修板、壁厨板等。硬质纤维板的特点是结构均匀、强度较大，可代替薄板使用，但表面不美观，易吸湿变形，用途受到限制，主要用于建筑门板、家具背板以及其他要求不高的场所；软质纤维板的特点是密度不大，物理力学性能不及硬质纤维板，主要在建筑工程中用于绝缘、保温和吸音、隔音等方面。中密度纤维板具有密度适中、强度高、隔热、隔音、表面平整光滑、可直接在其表面进行各种饰面装饰与可加工性好等特性，因此适用于在建筑中做内隔墙。

采用质轻、高强的薄型中密度纤维板做活动隔墙，在各类人造板中具有显著的优势。中密度纤维板有良好的吸音性能且质轻，可用作天花板，适用于在大厅、礼堂、办公楼与民用建筑的天棚中使用。薄型中密度纤维板是门的优良覆面材料。此外，中密度纤维板加工性能好，可加工成各种图案贴面，用其制成的中密度纤维板门取代胶合板门与硬质纤维板门，不但节约木材，而且具有美观、高雅的优点。

以中密度纤维板为芯材，用厚1～2mm的实木贴包四周，可制作门窗框，具有木材感。此外，实木贴面中密度纤维板做门窗的内侧，外侧用铝型材包裹，可制作铝包复合门窗。该门窗外装饰具有铝型材的坚固、美观，内装饰体现了木材高雅自然的效果，并将密封性和隔热性较好地相结合，其综合性能优于塑钢门窗与铝合金门窗。中高密度纤维板经过饰面处理作地板，具有耐磨、保温、吸音等优点，广泛用于家庭和公共场所。中密度纤维板以其密度适中，加工性能好，可锯、可刨、可钉、可钻、可加工成各种花式图案，因此是优良的室内装饰、装修材料，可作踢脚板、楼梯扶手、挂镜线、窗帘盒、暖气罩等，以及以其为基材粘贴花式图案，或采用浮雕与软型压机设备加工中密度纤维板浮雕制品，装饰墙面、门与天棚。

在包装行业，用中密度纤维板制出的包装盒质感和强度好，已经广泛用于手机、酒类、皮革制品、茶叶、食品、礼品等行业的包装盒制作中。用纤维板制作包装箱、托盘等包装容器、运输包装器具，可以降低包装成本。纤维板制成包装容器后可代替部分木包装，节约木材资源。纤维板的幅面大、构造均匀、无木材的天然缺陷、耐磨、耐腐蚀、室内条件下膨胀收缩率小、尺寸稳定、绝缘性能好，经过油浸或特殊加工后，还能耐水、耐火和耐酸碱。纤维板包装箱在抗压、承重性上仅次于实木包装箱，结构性、密封性好，表面光滑，易于印制文字，操作工艺简单，纤维板包装箱出口允许免熏蒸，可直接出关，手续轻便。

在车船制造方面，纤维板可用作船舶、车辆的内壁板、顶板、隔板等，代替天然板材使用，具有成本低廉、加工简单、利用率高、比天然木材更为经济等特点。

本章小结

纤维板制造脱胎于造纸工业中的纸板生产技术，最初的纤维板生产采用湿法工艺，现已逐渐淘汰，干法中密度纤维板已成为人造板中发展最迅速的产品。纤维板生产的原料来源广泛，产品性能优越，可以在家具、建筑、包装、车船制造等行业中广泛应用。

思考题

1. 纤维板的定义是什么?
2. 哪些原料可以生产纤维板?
3. 纤维板生产工艺可以分为几类?
4. 纤维板产品主要有几种类型?
5. 纤维板的性能有何特点?
6. 纤维板的主要用途是什么?

第2章

备　料

本章论述了纤维板生产中对木材类和非木材植物类原料的要求、收集与贮存方法，就木片的制备工艺及设备、木片的贮存与运输方法等做了较详细的介绍，为后续章节打下基础。

备料是纤维板生产的第一个工艺环节。备料工段主要对原料进行切削、筛选、清洗或风洗、贮存，为纤维分离做准备。备料工段制备的木片或非木材植物碎料质量，直接影响后期的纤维分离工艺及纤维分离效果，生产中应对不同的原料正确选择和使用加工设备及相关工艺，以确保木片或非木材植物碎料的加工质量。

2.1　原料要求

纤维板生产用的主要植物纤维原料系指木材或非木材植物纤维原料。木材纤维原料是目前纤维板生产的主要原料，主要为针叶树材和阔叶树材，其中包括它们的“三剩物”，即采伐剩余物、造材剩余物和加工剩余物，以及灌木和藤类材料。还可以利用回收的木制品和工业用废旧木材，以及制浆造纸工业的废纤维原料等。

非木材植物纤维原料，主要是竹类和农作物秸秆及渣屑类纤维原料。随着森林资源的减少和对纤维板需求量的不断增加，非木材植物纤维的利用越来越被人们所重视，预计非木材植物纤维的利用在纤维板产业中将占有重要的地位。

2.1.1　纤维板生产原料

2.1.1.1　木材类原料

（1）森林抚育采伐剩余物

无论人工林或天然林的培育，都必须进行抚育伐和间伐，因此产生大量的小径材和枝丫材。特别是国有林区，虽然实施了天然林资源保护工程，但禁止或限制木材采伐的林木也必须进行抚育伐和间伐，所得的这类原料是非常宝贵的木质材料资源。

（2）木片

近年来，木片已经成为林业生产的一个产品。林区大量的采伐剩余物、抚育剩余物、造材剩余物以及各类木材加工剩余物，可直接加工成木片供应市场。木片生产既解决了分散小批量原料集中利用问题，又降低了运输成本，更便于集中高效利用。目前已有许多纤维板生产厂家直接使用木片生产纤维板。

(3) 木材加工剩余物

木材加工生产包括制材生产、胶接木材和木制品加工制造等，是以实体木材为原料通过机械加工方法直接制造的木材半成品和成品，如板方材、各类实木家具、建筑的门、窗、地板、楼梯扶手等，以及室内装饰装修材料。木材加工剩余物主要包括板皮、截头、刨花、锯屑、小木块等，目前中小木材加工企业将这类原料作为燃料烧掉，但若从生物质材料的利用效能来看，将其用于木质材料的制造更为合理。

2.1.1.2 非木材植物原料

(1) 竹材

竹材属于禾本科中的竹亚科，在中国有 40 多属、500 余种，种间的形态和材性差别很大，就胸径而言，大的可达 20cm，小的不到 2cm。有的竹腔很大，有的很小，近乎实体。将竹材直接制作竹制品，有经济价值的竹种并不多。但作为纤维板原料，任何竹种均可利用，还可以将不同竹种混合使用。

竹材虽属于禾本科，但作为人造板原料，其生物组织介于木本和草本植物之间，与其他草本植物纤维原料有许多共同点，但也有差别。

如竹材秆茎的表面含有以 SiO_2 为主的蜡质层，对施胶和胶合都有妨碍。但当分离成纤维后可使表层蜡质层高度分散，扩大同胶黏剂的接触面，减少对黏合力的影响，这样就可以在常规纤维板生产线上生产纤维板。竹纤维长而硬，是生产纤维板的优质原料，经工业试产证明，其产品力学性能高于木材原料的纤维板。

至于竹材中的其他微量化学成分，如脂肪、蛋白、淀粉等，是蠹虫和霉菌的营养基，会使产品变质。所以将竹片热磨分离后，需要加入适当的防腐剂以防止产品的霉变。

以竹材为原料生产纤维板时还有一个问题必须考虑。竹材表面的竹青有很强的韧性，用常用的鼓式削片机根本切不断，竹青会缠绕在刀辊上妨碍切成竹片，使切片过程不能正常进行。解决办法是将鼓式削片机改为切削方向与进料方向相垂直的盘式削片机，同时要求盘式削片机进料辊要将竹材压紧，这样才可以将竹材彻底切断成为单独的竹片。只要是单独的竹片，就能顺利进入热磨机并分离成纤维。其余生产工艺要求与木材原料相同。

(2) 蔗渣

蔗渣是榨糖后的剩余物，其秆茎中的含糖量约 12% ~15%（固态糖 5% 左右）。因此榨 100 万 t 糖，会留 600 万 t 蔗渣，它作为纤维板原料的来源非常丰富，且在草本植物原料中属于便于集中、运输和利用的种类。因为甘蔗已经预先被糖厂收集，榨后的蔗渣已被打包，从而减少了运输体积，并从中除去了大约 45% 的蔗髓，可以提高纤维的质量。蔗渣纤维长度平均约 1.73mm，与阔叶树材相近，是制造纤维板的优质原料。

(3) 芦苇

芦苇生长在江河湖泊的岸边，属多年生草本植物。干枯后的成熟芦苇，在收割后自然更新生长，是勿需人工培育的天然资源。芦苇产量较高而且相对集中，是优良的纤维板后备资源，在靠近芦苇原料的基地建纤维板厂非常有利于生产，但目前芦苇尚未得到广泛利用。

芦苇收割以前虽然在水中，但它的秆茎已经干枯，将芦苇贮存于堆场里，经天然干燥后含水率变得更低。因此，用芦苇生产纤维板时，要注意它的含水率偏低的问题。

(4) 棉秆

棉秆是制造纤维板的重要资源之一。采棉后棉秆剩余量为300kg/亩，全国棉田每年剩余棉秆资源非常丰富，大约有2000万t。由于棉田种植相对集中，所以对建造纤维板生产的原料基地非常有利，勿需远距离运输，可降低产品成本。

棉秆的结构由秆皮和秆芯组成。秆皮占全秆质量约20%～35%，秆皮纤维平均长度为2.26mm；秆芯包括纤维和髓，占总质量65%～70%，其中髓占22%，秆芯纤维长度为0.5mm。棉秆髓是一些非纤维薄壁细胞，容易成为粉末，影响纤维得率。

棉秆的果胶含量达3.5%～7.4%，棉秆中果胶含量最高的部位为秆皮部分。果胶属于高聚物，呈酸性，不溶于冷水，易溶于热水，其不仅影响纤维分离，还能将纤维胶着起来，从而影响纤维板生产。因此，用棉秆作原料生产纤维板时，要考虑这个因素。

(5) 苎麻秆

苎麻秆是剥去苎麻皮以后的剩余物，是纤维板的优质原料。全国种植面积约200多万亩，每亩产量约2万根，可获麻秆140kg，每年收割三次则每亩麻秆年产量为420kg。

苎麻秆形态平均值：直径6.5mm，长度1.2m，重量7g/1.2m。

苎麻秆结构组成质量分布：秆壁84.24%，髓心7%，麻杆表面残麻3.76%。

苎麻秆纤维细胞组织形态：纤维长度平均值为0.54mm，纤维直径平均值为18μm，薄壁组织的长度和宽度平均值分别为0.37mm和87μm。

苎麻秆主要化学成分：木质素23.2%，纤维素40%，半纤维素21.74%，果胶5.57%。

苎麻秆国内年产量约120万t，是一种未被开发利用的纤维板资源。苎麻种植比较分散，不像棉花那么集中。因此，应考虑原料的收集与运输问题，建厂规模宜小不宜大。苎麻秆的表面未剥尽的残麻非常坚韧，故在建立生产线时，必须采用有特殊效力的切断机。

(6) 稻草

水稻是我国主要农作物，因此其剩余物稻草资源非常丰富，每年产量超过1亿t。目前稻草除用于造纸以外，几乎没有进入人造板工业领域，这与稻草的细胞组织形态和化学成分有关。稻草纤维短而细，其平均长度在0.5mm左右，并且柔软、刚性小，比其他原料差。稻草粉碎以后细小纤维和粉尘量很大，板坯在热压时其表面很快结成硬壳，阻碍板坯内部水分的排出，从而易出现黏板和鼓泡现象。

稻草化学成分：稻全草（包括秆茎、叶和穗）的全纤维素含量只有35%（木材达60%以上，蔗渣也达55%）；木质素含量低，只有12%（木材为20%～30%，蔗渣为20%）；灰分含量极高，达13%（木材只有0.2%～0.5%），灰分中90%是SiO_2。由于这些化学成分的不利影响，以UF和PF很难制造稻草碎料板，但若将稻草分离成纤维后，可以大大改善其基本单元界面特性，故用UF和PF完全可以制造稻草纤维板。

（7）麦秸

在我国小麦是仅次于稻谷的第二大粮食作物，其剩余物麦秸的年产量达0.8亿～1亿t，是人造板工业的丰富原料资源。麦秸目前大量有效利用于造纸工业，而在人造板工业中的开发利用量甚微。

麦秸的化学成分：全纤维素含量为40%～50%，木质素含量为22%，灰分含量为5%～6%。虽然麦秸的化学性质比稻草优越，但基秆表面所含的SiO_2足以妨碍其胶合。将麦秸热磨分离成纤维后，同样能够大大改善基本单元界面，从而用UF和PF可生产麦秸纤维板。

2.1.2 木材原料要求

纤维板生产的木材原料中应优先采用针叶材，但由于针叶材种短缺，故越来越多地采用阔叶材。因阔叶材纤维形态短小，其纤维交织性能不如针叶材，而且半纤维素及水溶性物质含量又高，给纤维板生产工艺和产品质量带来不利影响，因此在原料选择上应充分考虑原料来源实际情况，尽力做到针、阔叶材搭配使用。实践证明，针、阔叶材混合使用时，阔叶材所占比例控制在30%～50%为宜。

不同材种其树皮含有率也不一样，按重量计，一般占8%～15%。按体积计，树皮的体积与树干径级有关，径级越大所占比例越小。因纤维板生产所用原料多系小径材，故树皮含有率相对较大。其体积比平均值，云杉为9.5%、松木为11.0%、落叶松为18%、杨木为12%～13%，而枝丫材和梢头木中树皮含有率较高，约占30%。树皮组成中韧皮约占90%，外表皮占10%，经削片后的木片其树皮（重量）含有率一般为10%～15%，此含有率对纤维板质量尤其是力学性能影响不大。但树皮含有率超过25%时，不仅会使产品的力学强度下降，还会影响产品的板面质量，给产品的二次加工带来问题。

2.1.3 非木材植物纤维原料要求

非木材植物纤维原料主要为农作物的秸秆及竹材等。非木材植物纤维原料多系一年生植物，虽然具有产量大、种植面广、易收集和价格低廉等优势，但作为纤维板的生产原料尚有以下问题应引起重视：

①非木材植物纤维原料多为农作物的秸秆类，收集季节性强，并由于质地轻、结构疏松，又要贮存较长的时间，因而堆积体积庞大，需要很大的堆积贮存场地。

②原料为季节性供应，而生产则是全年性，故应考虑原料全年供给量以及原料的运输和贮存成本。

③非木材植物纤维原料的纤维形态和化学组成与木材基本相似，但其中含糖量和各溶液浸提物以及低分子量的碳水化合物含量高于木材。故需考虑该种原料的防腐、防霉、防色变以及防火等措施。

④非木材植物纤维的灰分含量高于木材，有的甚至高达19%，而灰分中非极性物质的SiO_2含量又多在60%以上。这些物质的存在不仅会影响纤维间的胶结性能，而且会对刀具、磨片以及砂带的磨损带来不利的影响。

⑤在非木材植物纤维原料中，甘蔗渣、玉米秆、向日葵秆等含有大量的非纤维状的海绵髓体(又称髓心)，而竹材、芦苇、稻秸、麦秸、棉秆等的外表皮又含有蜡质或韧性很强的表层，这些物质的存在同样给原料的制备工序及产品带来不利的影响。

总之，非木材植物纤维原料用于纤维板生产时，应根据原料特性，在生产工艺、胶黏剂选择以及生产设备的配备等方面采取相应的技术措施。

2.1.4　原料选择与搭配

原料是纤维板生产的物质保证，也是决定产品质量、性能和效益的基础。用于制造纤维板的原料来源极为广泛，其质量的优劣直接影响产品质量。原料的优劣应从纤维含量及形态、化学成分以及加工性能等方面予以综合评定和选择。就质量而言，木材是最好的原料。木材中针叶材因管胞含量高、纤维细长，其质量优于阔叶材。此外，树干优于枝丫和梢头，边材优于心材，早材优于晚材。树节材质坚硬、纤维短，在纤维原料中不宜使用过多。

非木材植物纤维中竹材的纤维素含量高、纤维细长、长宽比大，是仅次于木材的较好原料。但竹材由于密度大于木材，材质较硬，竹青外表层含蜡质，给制浆和产品的内结合强度均会带来不利影响，故应注意制浆前的软化处理。非木材植物中的禾本科秸秆类原料，其化学成分中纤维素和木质素含量均低于木材，半纤维素和各种溶液浸出物含量高，而且纤维较短，杂细胞含量又偏高，故会影响制浆纤维得率、浆料的滤水性以及纤维板坯的排气排水性，其产品强度较低、吸水率偏高，故对胶黏剂的选择和用量均要采取相应的措施。

原料的收集、贮存、运输等方面均存在相关问题，故在原料选择上一定要因地制宜，要根据原料来源和建厂立地条件来确定生产规模和工艺技术路线。在选择原料时除考虑原料的质量外，还要注意原料的可供应量和成本，除考虑原料的贮存方式和贮存量外，还要注意运输等问题。特别是非木材植物纤维原料，更要注意原料的收购和贮存保管。

在原料树种混杂和质地不一的情况下，原材料的科学利用十分重要。原材料的合理搭配是提高产品质量的重要措施之一，也是扩大原料来源的有效途径。原料搭配包括木材和非木材原料的搭配，以及不同树种的针、阔叶材的搭配。当用质量低的原料时，适当搭配一部分质量高的原料，可提高产品等级。

树皮占树木的6%～20%，平均占10%左右，制材板皮内树皮占10%以上，小径材和枝丫材的树皮占13%～28%，平均在20%以上。灌木也是一种重要的林木资源，虽无明显主干，一般直径多在20mm以下，但茎皮的含量相对很高。

树皮内纤维含量极低，可是溶液的提出物和灰分含量很高。树皮碎片如浮在板坯表面，会影响板面的外观质量，若夹在板坯内部，则会降低产品的力学性能。非木材植物纤维秸秆类原料，有的秸秆的外表皮有一层厚皮(如棉秆、豆秸、向日葵秆等)，而大部分茎秆有一层光滑的表皮组织，这种光滑表皮组织为脂肪性化合物形成的酯类蜡状物(如竹材、麻秆、蔗渣等)，影响了有效吸附胶黏剂和形成氢键，降低了产品的结合强度。

总之，由于制造纤维板原料的种类差异较大，因此为确保纤维板产品质量和稳定的生产效率，原料的选择和合理搭配极其重要。同时还要根据原料的特性，采用相应的生产工艺及技术装备。

2.2 原料收集与贮存

2.2.1 原料收集

目前国内外纤维板生产企业，主要收集森林抚育采伐剩余物、木片、木材加工剩余物等木材类原料和竹材、蔗渣、芦苇等非木材植物纤维原料作为纤维板原料。

2.2.2 原料贮存

(1)原料贮存意义

原料的贮存是为了保证纤维板生产的正常进行。原料贮存应依据生产规模、原料种类、原料来源渠道、贮存季节及运输条件、防火安全要求等因素，进行规划和设计场地面积、选择布局及贮存的方式。

原料的贮存过程也是原料的自然干燥、均恒含水率和减少抽提物(如树脂、果胶、淀粉、蛋白等)含量的过程。原料经过贮存一定时间后，可降低磨浆的动力消耗，提高产品质量。如马尾松经过一定时间的贮存，可以不同程度地减轻有害树脂障碍；非木材植物纤维原料经三个月以上贮存，可促进非纤维素组分的果胶、淀粉、蛋白以及脂肪和残余糖分的转化和破坏，不仅可降低磨浆的动力消耗，并对提高产品质量有利。

(2)原料贮存期及贮存量

从原料的自然干燥规律和保证生产的正常进行角度考虑，木材原料应至少保持1~2个月的贮存量；非木材植物纤维原料中，竹材贮存量一般为2~3个月，其他的多要求半年以上，个别的要有长达9个月的贮存量。如棉秆、蔗渣类的贮存量为6~9个月，芦苇、秸秆为7~10个月。

(3)原料的堆积与要求

贮料场地面积、原料堆垛方式应根据原料种类(小径材、枝丫材和外购木片等)、贮存量及搬运方式而定。小径木、枝丫材等原料，如由人工或叉车堆运木材原料，其堆积高度一般不超过3m；如用吊装机械设备进行堆放，允许达10m以上。木片堆积高度可达20~30m。

原料的堆放和使用必须严格遵守不同材种分别堆放、按贮存时间的先后顺序予以使用的原则。在原料的贮存过程中，要注意防止由于贮存时间过长而发生霉烂变质现象，具体可采用对原料堆进行覆盖或用药物作防腐处理等措施，并使场地具有一定坡度，使其排水畅通，避免积水影响底层原料霉烂变质。堆垛之间应留有足够的垛间距及通风道，避免原料堆垛自燃导致火灾和腐烂变质。堆垛间距一般保持在1~3m，至少不小于0.5m；垛组间距一般在10~15m，垛区间距一般为15~25m。原料场原则上设置在生产区的下风向，原料堆垛应尽力做到“上盖、下垫、中通风”的规范要求。堆垛的理想布置方式，是其长度方向应与常年主导风向成一个角度，如图 2-1 所示。

由于非木材植物原料质轻、体积膨松，除了甘蔗渣散堆外，一般应打包贮存。此时原料含水率要控制适宜，否则，含水率过高贮存时间又长，会导致原料中的果胶、淀粉、蛋白及色泽发生变化而影响其质量。含水率一般控制在 10% ~15% 为宜。此外，非木材原料的堆存方式和堆垛规格也应注意，要求堆放平整，各部松紧一致，不宜过高，以免发生堆垛倾斜倒塌。注意底部应堆置平整，其顶部逐步收缩成尖顶，堆垛布置同样要留有充分的通风、运输及防火通道。芦苇、秸秆类堆垛规格如图 2-2 所示。

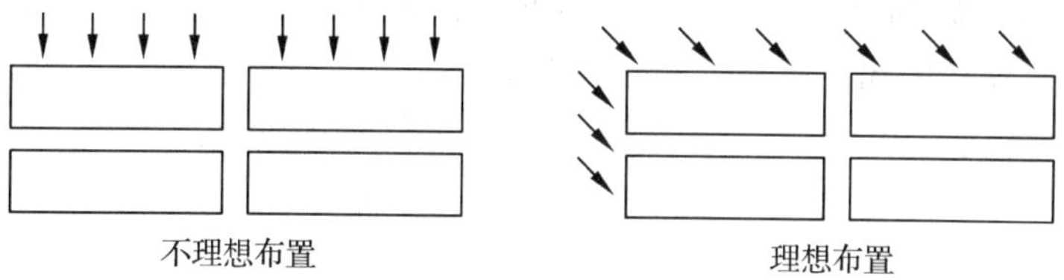

图 2-1　常年主导风向与堆垛方式

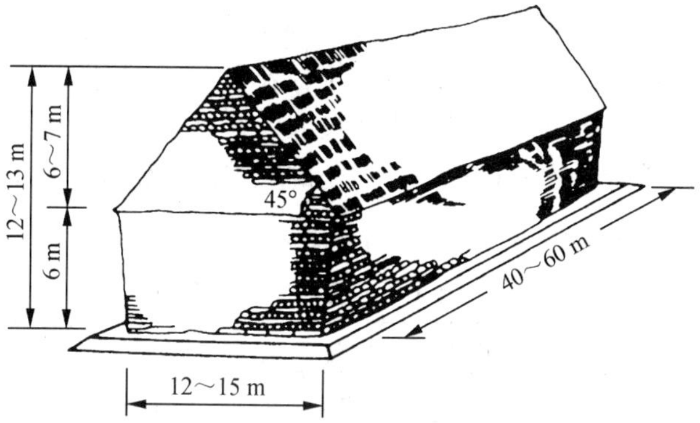

图 2-2　芦苇、秸秆类堆垛规格示意图

2.3　木片制备

木片制备(备料)是纤维板生产的第一道工序，在此工序中把木材原料按照纤维分离工艺和设备的要求，切成一定规格的木片。木片的质量和规格直接关系到后续纤维分离工序和纤维板产品的质量。

2.3.1　木片制备工艺流程

对不同的原料应采用不同的木片制备工艺和设备，常规的木片制备工艺流程如图 2-3 所示。

由于各种原料的作业环境原因，为纤维板生产提供的小径材、枝丫材、加工剩余物等原料中，往往混有大量的树皮以及泥沙、石块甚至金属物，这些杂物的存在会给生产设备和产品质量带来不利影响，因此必须采取水洗或风洗等措施予以清除。对树皮含量

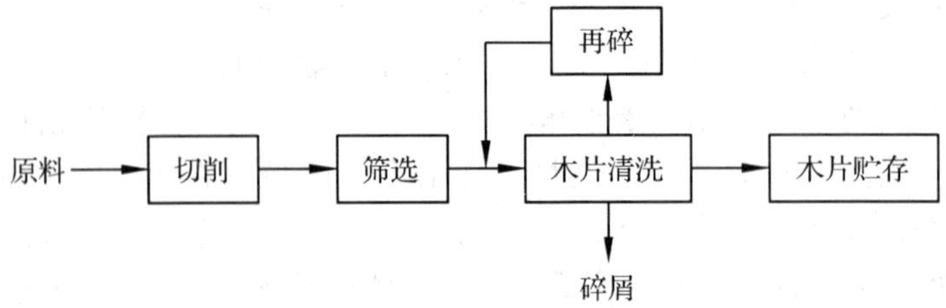

图 2-3　常规的木片制备工艺流程

超过 20% 的原料，原则上应进行剥皮。当不具备剥皮设备和条件时，要采用原料搭配处理的方法，将原料的树皮含量控制在 20% 以下。

2.3.2　削片

(1) 对木片的要求

木片应大小均匀、切口平整，木片合格率应不低于 80%。木片规格要求为长度 15～35mm、宽度 15～25mm、厚度 3～5mm，含水率大于 35%。原料通过一次切削，要获得上述均一合格的木片是不可能的，因此要对木片进行筛选，过大的木片须进行再碎，然后再次筛选，经筛选后的木片组成应符合表 2－1 的要求。

木片大小直接影响纤维分离效果。木片过大，在热磨过程中难以软化，而且不易软化均匀，纤维分离度就低；木片过短，被切断的纤维占比就大，从而影响纤维间的交织性能，导致纤维板的强度下降。

表 2-1　经过筛选后木片的组成要求

木片类别	木片长度(mm)	组成(%)	备　注
大型削片	＞30	≤8	①经过筛选进入再碎机的大型削片，不得超过木片总量的 10%～20%。 ②木片含水率控制在 35%～50%。 ③木片中不得混入金属物质。
标准削片	16～30	≥75	
小型削片	6～15	≤12	
碎　屑	＜5	≤5	

木片中的纤维平均长度与木片的长度有直接关系，与木片的宽度和厚度几乎无关，木片中纤维长度可按下式推算：

$$m = \frac{M \times L}{M - L} \tag{2-1}$$

式中：m——木片中纤维的平均长度(mm)；

M——原料中纤维的平均长度(mm)；

L——木片的长度(mm)。

由式(2-1)中可以看出，当原料相同时，木片越短，纤维的平均长度越小。若木片长度相同，则针叶材比阔叶材的纤维损伤率高。如木片长度为 20mm，则针叶材纤维的平均长度仅达到原有长度的 80% 左右，而阔叶材可达到 90% 以上。在正常状况下，针叶材木片长度为 20～25mm，长度方向有 6～7 根完整纤维，两端各有一根被损伤切断的纤维。如果木片过短，则完整纤维的数量将会减少，两端被切断损伤纤维数量也有所增加。

（2）削片设备

削片机在切削木材过程中，一般易控制木片长度，难以控制木片的宽度和厚度。基于这种原因，考核一台削片机的工艺性能，主要看其切削出的木片长度。即削片机削出的大量木片，其长度尺寸应基本一致，符合预定要求，长度均匀的木片越多，说明该机的工艺性能越好。在纤维板行业中，常用的削片机为鼓式削片机和盘式削片机两大类型。

①鼓式削片机：根据刀辊和喂料的配置方式不同，鼓式削片机分为水平强制进料［见图 2-4（a）］和倾斜强制（或非强制）进料［见图 2-4（b）、（c）］两种，两者相比，前者可取得较为优质的木片。鼓式削片机结构比较紧凑，切削原料范围较广，主要是小径木、木材加工剩余物（板皮、板条、圆木芯、废单板等）和木材采伐剩余物（枝丫、枝条等）。

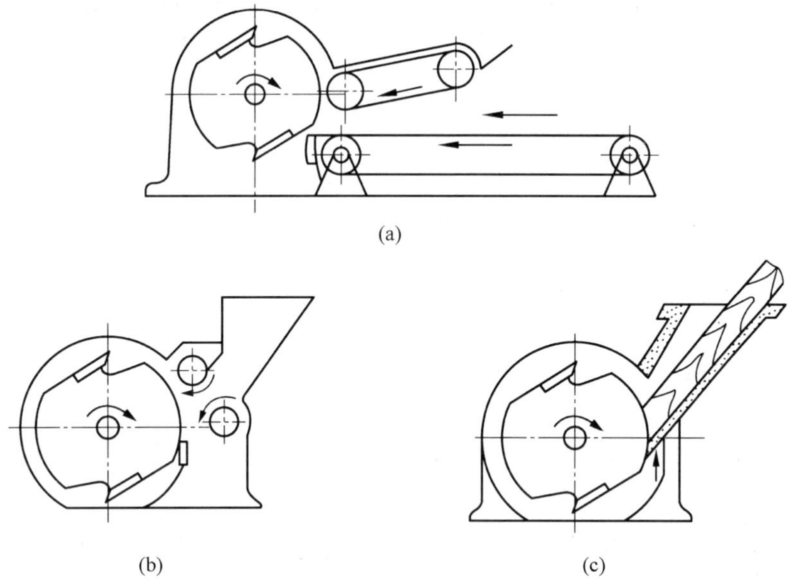

图 2-4　鼓式削片机

鼓式削片机的切削机构是一个筒状的刀辊（鼓）。在刀辊表面平行于轴线装有若干片飞刀，飞刀数量视刀辊直径而定，少则 2 片，最多可达 8 片。机座上装有一片底刀，飞刀与底刀组成切削机构，将输入的原料切成木片。

②盘式削片机：根据原料状况、生产工艺要求及用途，盘式削片机可分为固定式或移动式、上出料型或下出料型、水平进料型或倾斜进料型、垂直刀盘型或倾斜刀盘型。一般而言，盘式削片机可不用强制进料。

盘式削片机（见图 2-5）的切削机构是一个质量较大的钢质圆盘，飞刀装在圆盘的侧面，并与装在机座上同一侧的底刀和侧刀组成切削副，将输入的原料切削成片状，飞刀数量视刀盘直径而定，少则 3 片，多则 20 片甚至更多，一般刀片数量超过 6 片（含 6 片）时，习惯上称之为多刀盘式削片机。

盘式削片机一般要求其切削的原料为原木或小径木，根据盘式削片机的结构不同，

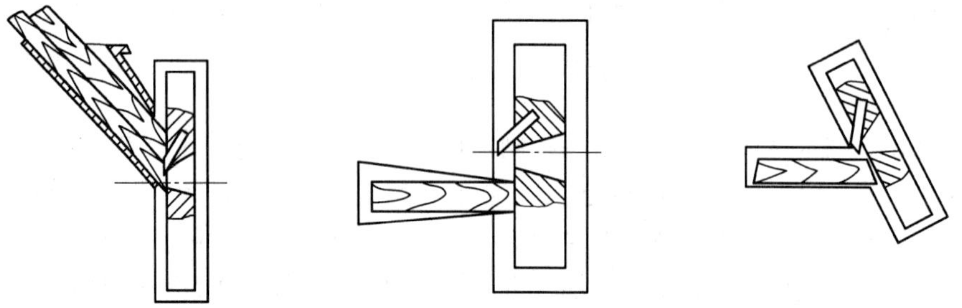

(a) 垂直刀盘倾斜进料型　(b) 垂直刀盘水平进料型　(c) 倾斜刀盘水平进料型

图 2-5　盘式削片机结构示意图

也可切削板皮等。其切削出的木片质量高，切口平整、光滑，可作为造纸用木片。

③鼓式削片机和盘式削片机选型比较：纤维板生产，具体选用哪一类型的削片机，主要由原料状况而定，同时也应考虑诸多综合因素。表 2-2 为削片机选型参考表。

表 2-2　削片机选型参考表

参考项目	鼓式削片机	盘式削片机
原料	原料适应性广，可切削原木、小径木、枝丫材、板皮等加工剩余物及秆状类非木材植物原料	主要适用于原木，小径木
木片质量	一般，但可满足纤维板生产的要求	好，切口平整，合格率高，既可满足纤维板生产要求，也可满足纸工业的要求
能耗（同等产量下）	较大	较小
工艺布置性	只有下出料，布置方式单一	有很多机型可供选择，工艺布置性较好

（3）影响木片质量的因素

①原料质量：原料的形态、树皮厚度、含水率及腐朽率直接影响木片的质量，为了得到整齐均匀、合格率高、碎屑量少的木片，纤维板生产要求原料最好外形规整，有一定含水率，无腐朽和含皮量少。原料含水率最好不低于 35%，否则不仅会造成碎屑量增加，而且电耗高，也会缩短切削刀具的使用寿命。树皮主要是韧皮纤维，属于胶质物而且果胶素和砂石、硅质（SiO_2）等含量较多，切削时不仅碎屑量大，而且对刀具磨损较严重。原料中树皮的含量超过 20%，就会影响纤维板产品的外观和强度。

②切削机类型：常用削片机有鼓式和盘式两种，鼓式削片机适合中、小型纤维板生产企业，而且适于小径材、枝丫材、制材下脚料的板皮的切削。鼓式削片机下部设有筛板，切好后的木片可不再进行筛选。盘式削片机适于生产规模大、原木径级较大的原料削片，并配有筛选机和再碎机。

③刀具的选择：刀具的锋利程度直接影响木片的质量。切削硬材或冰冻材时，研磨角要大，而切软材或非冻材的刀具研磨角宜小，这样才能保证良好的切削质量，而且又可降低能耗。在正常情况下，飞刀每 4 ~ 8h 应更换研磨，底刀每半个月更换一次。特别是对硬杂木、树皮含量大或硅质含量高的原料切削，刀片使用时间应相应缩短。

飞刀刀片有单刃和双刃两种，鼓式削片机条形底刀多采用四面刃。单刃刀片切削时易使原料切成碎片；双刃刀片适于切削硬质材和冰冻材。刀具材料应选用高速钢或优质合金钢，刃部的硬度应在 HRC 52～60，刀身要求有足够的韧性。

④刀片的安装：木片的长度与厚度是由削片机刀片的安装位置、角度决定，木片的宽度是自然破裂形成的，它取决于原料的横纹抗剪强度，一般情况略小于木片的长度。因此对刀片的安装要求较高，是一项不可忽视的调整技术，不论采用鼓式削片机还是盘式削片机，要求所有刀片的伸出量相同，而且应精确地保持飞刀和底刀的距离。

盘式削片机的刀片安装位置直接决定着木片的尺寸大小，木片的长度取决于刀刃突出于刀盘平面的高度，即刀片伸出量，如图 2-6 所示。

削片的长度计算方法如下：

$$L = \frac{W}{\cos\alpha_1 \cdot \cos\alpha_2} \tag{2-2}$$

式中：L——削片长度(mm)；

W——刀片伸出量(mm)；

α_1——进料槽的中心线与水平线夹角(°)；

α_2——进料槽的中心线在水平面的投影与刀盘中心轴线的夹角(°)。

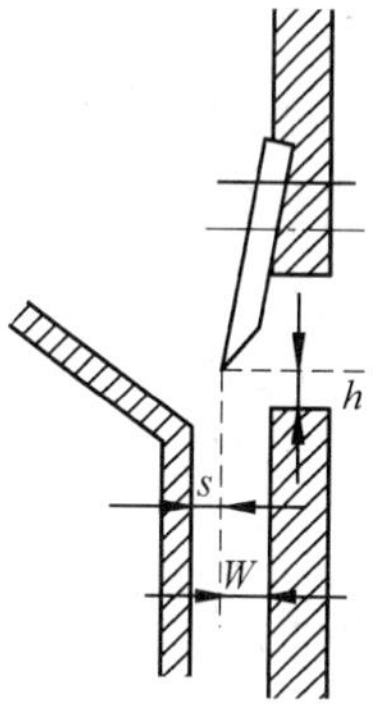

图 2-6　刀片安装位置示意图

削片的厚度是由切片刀的刀刃与磨损垫铁之间的高度所决定，算式如下：

$$H = k \cdot h \tag{2-3}$$

式中：H——削片厚度(mm)；

h——刀片与磨损垫铁之间的高度(mm)；

k——比例系数，与被切削原料强度有关，一般取 0.25～0.5。

普通盘式削片机的飞刀与底刀间的距离 s 如图 2-6 所示。s 值一般为 0.3～0.5mm，飞刀与底刀之间的距离太大时，会产生较长的削片；两者之间的距离太小时，则操作不安全。

鼓式削片机的削片长度虽然由进料速度和刀辊的转速来控制，但飞刀和底刀之间的距离仍是影响削片大小和均匀性的重要因素。对于目前我国纤维板企业广泛采用的 BX215、BX216、BX218、BX2113 型鼓式削片机，要求飞刀和底刀之间的距离保持在 0.8～1.5mm 为宜。

2.3.3　木片筛选和再碎

筛选的目的，是筛选出尺寸符合工艺要求的木片。木片的合格率直接影响纤维分离设备的正常运转和纤维质量。因此，无论对在厂内以削片机加工的木片，还是外购工艺木片，均要进行筛选。经筛选后，尺寸超过规定的大木片需再碎。再碎后的木片经筛选不合工艺要求的细小碎片，则作为燃料烧掉。

鼓式削片机因底部设有筛板，飞刀与筛板对木片的冲击作用可使木片再碎，原则上可不再另设筛选机。盘式削片机一般木片合格率约为 85%，多刀盘式削片机约为 95%。

筛选机按其筛体的运动形式不同，可分为摆动筛选机、振动筛选机和多边筛选机等类型。不论筛选机的运动形式如何，其结构基本相似，通常是由筛体、传动装置，缓冲装置和机座四个主要部分组成。纤维板生产使用的多为振动式平筛或摆动式平筛两种。多边形筛选机则是一种由周边喂料的多边形筛，这种筛生产能力很高，适于生产规模大的木材削片的筛选。

由筛选机分选出来的过于粗大木片需再碎，使其重新切成合格片状。我国纤维板生产用的再碎机有鼓式、锤式、斜刀式，以及引进国外型号的再碎机。

2.3.4 磁选

为了确保纤维分离设备的安全生产，原料或削片后的木片必须经过金属探测仪或电磁吸铁器(又称磁选器)，以探测和清除夹杂在木片中的金属物。常用的金属探测仪或磁选器有框式、鼓式、轮式和悬挂式等。

(1)鼓式磁选器

如图 2-7 所示，鼓式磁选器的旋转鼓轮中装有固定磁铁系统，吸铁器与直流电接通后产生磁场。木片由进料槽落到旋转的鼓轮上后，顺着鼓轮滑入木片斗中，此时削片机中的金属物在磁场作用下被吸附在鼓轮的外壳上，并随之旋转。当金属物离开磁场时，便从鼓轮上脱落而掉入收集器中。该机型适于生产规模小的纤维板厂选用。

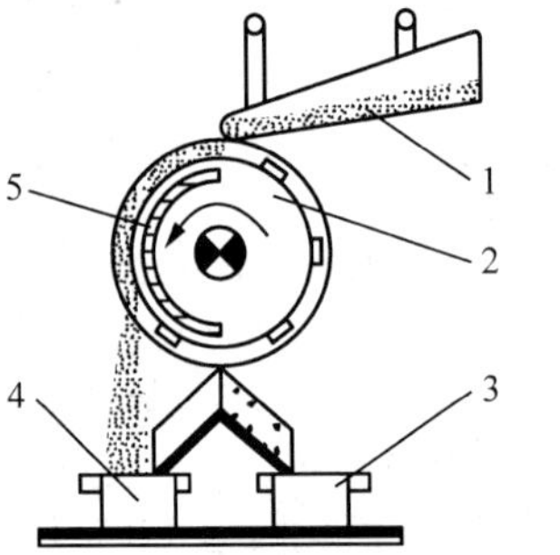

图 2-7 鼓式磁选器

1. 进料槽 2. 旋转鼓轮 3. 收集器 4. 木片斗 5. 固定电磁铁

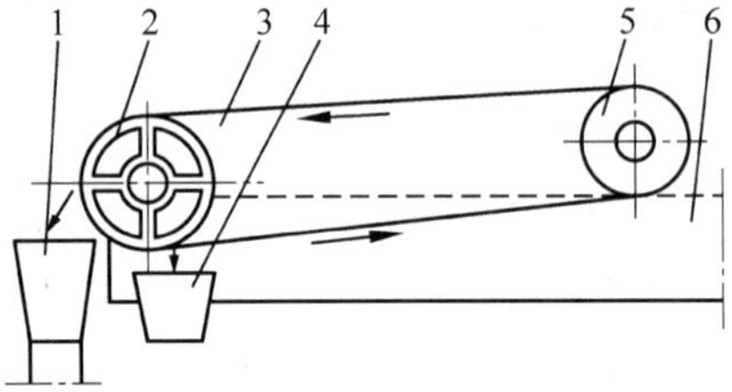

图 2-8 轮式磁选器

1. 木片槽 2. 电磁轮 3. 传送带 4. 收集器 5. 从动轮 6. 机身

(2)轮式磁选器

轮式磁选器由固定在轴上的磁铁系统构成，如图 2-8 所示。轮式磁选器与鼓式磁选器的区别在于其磁铁系统是随轮转动的，电磁轮本身又是带式削片运输机的主动轮。

(3)悬挂式磁选器

悬挂式磁选器，设在原料进入削片机前或经切削后的木片输送到料仓的过程中，悬挂在原料或木片的运输机(传送带)的上方，如图 2-

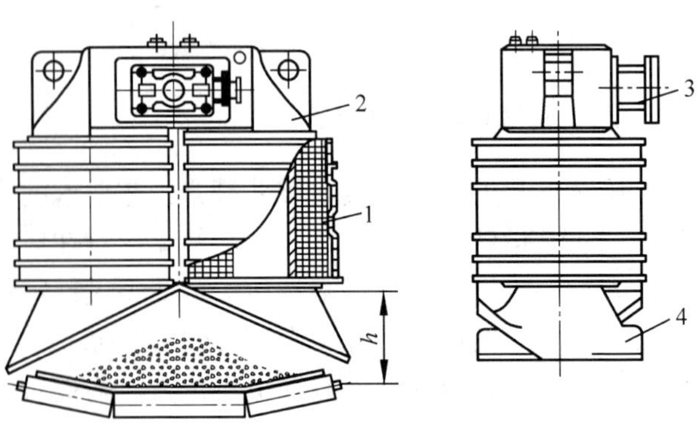

图 2-9 悬挂式磁选器

1. 线圈 2. 极轭 3. 接线盒 4. 机身

9 所示。直流电通过磁选器的励磁线圈时产生磁场，使磁选器可从被运输的木片中吸取金属物，将木片中夹杂着的铁钉、螺钉螺母、铁丝断头等金属物吸出来。为便于清除木片中的金属杂物，磁选器要求木片的运输速度不宜过快，一般带式运输机的传送带速度不超过 2m/s，磁选器在传送带上方的悬挂高度以 150 ~ 200mm 为宜。

2.3.5 木片清洗

木片的清洗目的，是清除木片中夹杂的污泥、沙石及其他杂物等。在一般原料的木片中，泥沙等的含量占 1% ~ 3%，有的高达 5%，这些泥沙杂物若不清除，会对纤维分离、板坯锯切以及热压、裁边、砂光等机械设备和刀具造成磨损或破坏，甚至会影响纤维板产品的深加工和使用。

木片清洗可采用水洗和干洗（风洗）两种方式。水洗可提高木片的含水率，有利于纤维分离。水洗机清洗效率高，但设备结构较为复杂、造价高，且耗水量很大，会产生大量污水。干洗设备相对于水洗机而言造价较低又不耗水，但在清除削片的泥沙杂物的效果上则不如水洗，而且噪声也大。

（1）水洗机

水洗机常见的有螺旋脱水式和振动筛脱水式两种，两者结构类似，原理相近，由洗涤与分离、滤水、排污、净化及循环系统等构成，其结构如图 2-10 和图 2-11 所示。螺旋脱水式和振动筛脱水式水洗机结构简单，木片的洗净率可达 90%，每小时清洗 $20m^3$（实积）木片时，电动机总功率为 30kW，循环水流量为 $100m^3$。

（2）干洗机

干洗机工作原理，是借助于风力和机械振动力使木片达到清洗目的，故又称风洗机。该机种很适于单一原料的木片或泥沙及杂物含量较少的木片清洗，图 2-12 为削片干洗机结构及流程示意图。

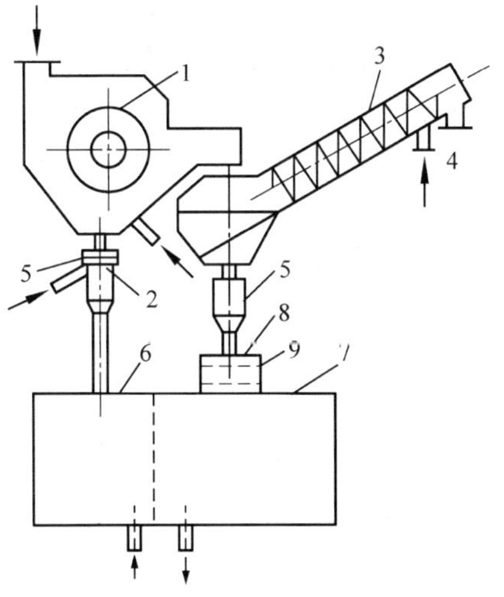

图 2-10 螺旋脱水式水洗机

1. 洗鼓 2. 排污管 3. 滤水管 4. 喷淋水管 5. 电动阀门 6. 污水箱 7. 循环水箱 8. 过滤水箱 9. 滤网

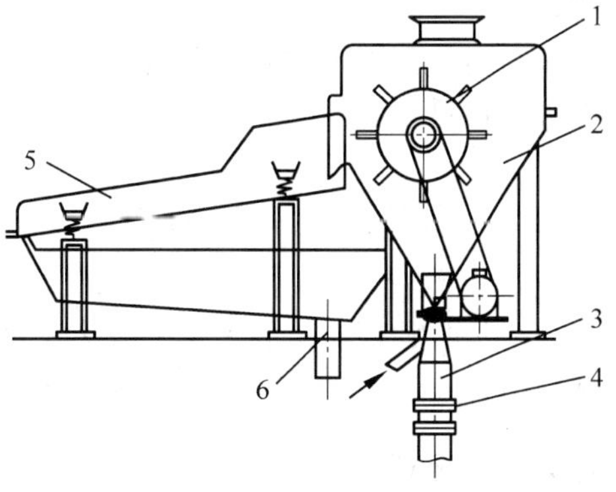

图 2-11 振动筛脱水式水洗机

1. 清洗鼓 2. 清洗槽 3. 排污管 4. 电动阀 5. 振动筛 6. 排放管

要清洗的削片由进料口落入振动器中，振动器的振动使木片产生跳动、碰撞和相互摩擦，将其中泥沙等杂物与削片分离。清洁的削片从出料口排出，泥沙、碎屑以及树皮等杂物随风机的气流被送往旋风分离器中，经气、固分离后将杂物由旋风分离器下端的星形转阀排出。经净化后的空气又由风机抽回，重新进入风送系统，进入下一个循环。该机种系全封闭循环，因而粉尘外溢很少，对环境污染小，但该系统的噪声较大。如清洗木片能力为 $50m^3/h$ 的干洗机，选用风机的空气流量为 15 000m^3/h，全压为 7.5kPa，其电动机功率为 50kW。

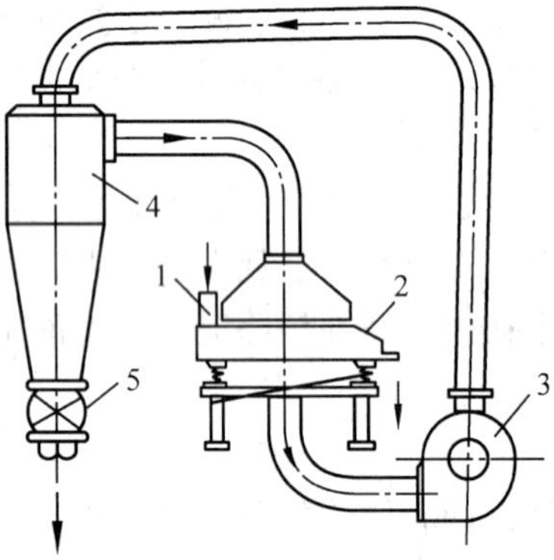

2-12 削片干洗机结构及流程示意图

1. 进料口 2. 振动器 3. 风机 4. 旋风分离器 5. 星形转阀

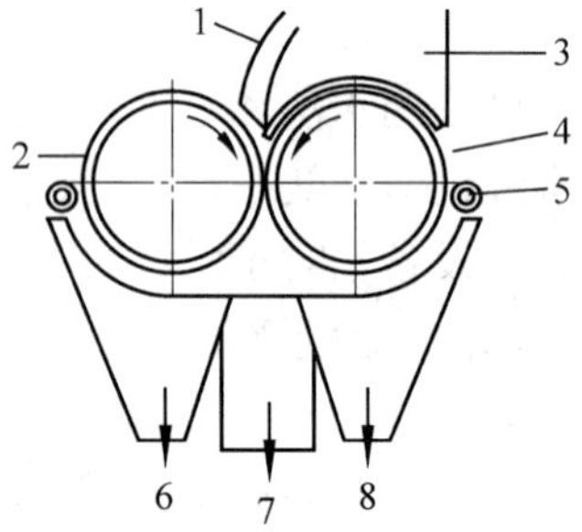

图 2-13 挤压去皮机

1. 挡板 2. 可移动的挤压辊 3. 料斗 4. 固定的挤压辊 5. 旋转毛刷 6、8. 树皮料槽 7. 木片料槽

2.3.6 木片去皮

木片去皮的较有效方法，为汽蒸挤压法处理工艺。木片经筛选、再碎后定量送到汽蒸预热管内预热软化，使树皮略带黏性而易与木片分离。一般预热处理的汽压为 0.2 ~ 0.3MPa，预热时间为 5min 左右。经预热处理的木片，由快速带式传输机送入，掉进两辊之间予以挤压，无皮木片被压裂，因表面粗糙不能被辊面黏住而直落下面的木片料槽中，树皮则被压碎并黏附在两辊上，随挤压辊转过 120°后由旋转毛刷将树皮从转动的辊面上刷下，掉入到树皮料槽中，从而实现树皮与木片分离的目的。图 2-13 为挤压去皮机示意图。

2.4 木片贮存与运输

木片的贮存与运输为纤维分离工序的准备环节，其方式应根据生产工艺布置、生产规模以及地形、占地面积和地区区域情况等因素而确定。

2.4.1 木片的贮存

无论是在厂内加工的木片还是外购的工艺木片，热磨分离之前都要先后进入木片料仓和热磨机垂直预热缸上方的缓冲木片料斗。为了确保连续生产的供料需要，木片贮存仓设置容量要保证 1 ~2d 的生产，缓冲木片料斗的设置容量要达到可供热磨机连续工作 2 ~3h。

一般木片料仓设置在地面上或热磨机上方的楼层上。料仓结构大致分为长方形(矩形)和圆柱形(筒形)两大类型。为避免下料不畅或木片在仓内产生“搭桥”现象，长方形料仓下部内壁的倾斜角必须大于木片的自然坡角(休止角)，应为 55° ~60°。圆柱形料仓的底部也须呈圆锥形，其锥角以 60°为宜。图 2-14 和图 2-15 分别为长方形和圆柱形料仓底部的倾斜角或锥角的示意图。通常在料仓底部螺旋排料装置的上方设有推搂式扒料器或螺旋式扒料器。

设置在热磨机垂直预热缸上方的缓冲木片料斗一般容积较小，为防止木片在斗仓内“搭桥”或结块堵塞，一般料斗壁上安置有电动振荡器、高压喷气管，或在斗仓内安装机动扒料器。

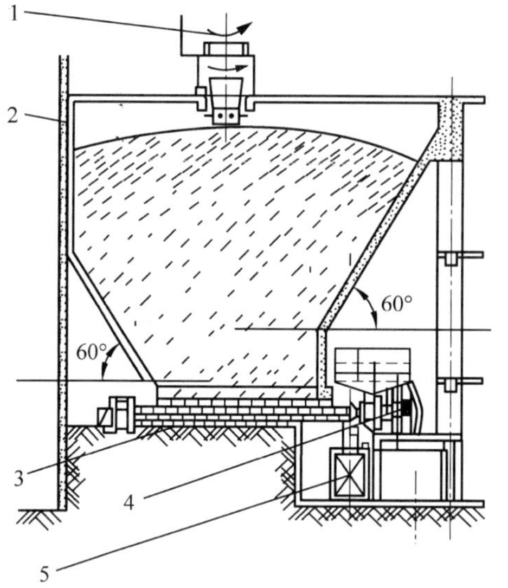

图 2-14 装有出料旋转轴的长方形木片料仓

1. 移动式装料带式输送机 2. 木片料仓 3. 螺旋式出料机 4. 漏料口 5. 受料带式运输机

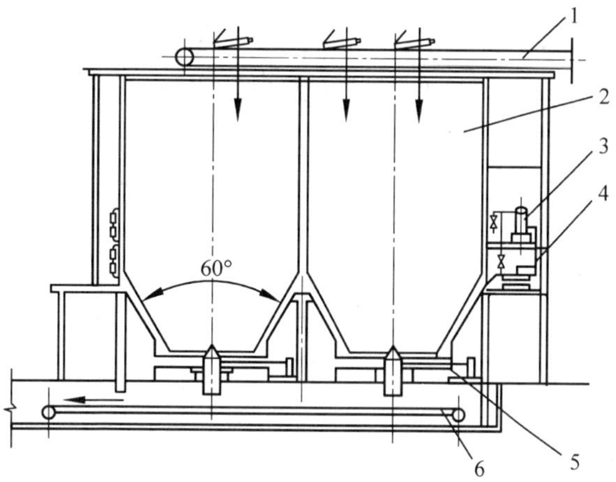

图 2-15 双圆筒木片料仓

1、6. 胶带运输机 2. 料仓 3. 贮气罐 4. 空压机 5. 螺旋下料器

2.4.2 木片运输

木片输送设备主要有气力输送装置、带式运输机、刮板机、埋刮板机以及斗式提升机等。

(1)气力输送装置

一般气力输送时每立方米空气中的木片含量为 0.25 ~0.6kg，运输木片风速为 20 ~30m/s，从旋风分离器排出的空气速度为 1.5 ~2.0m/s。

(2)带式运输机

纤维板厂主要采用的带式运输机是胶带运输机，有平型和槽型两种，木片采用槽型为宜。带式运输机的最大倾斜角一般为 25° ~27°。

(3) 刮板机、埋刮板机和斗式提升机

刮板运输机适于输送倾斜角较大的场合，但其仰角应控制在 45°以下。刮板运输机和斗式提升机，适用于木片运输高度较大、设备布置和占地面积较小等环境，其输送的仰角范围为 45° ~90°。

本章小结

备料是纤维板生产的第一个工艺环节。木材和非木材植物纤维均可用作纤维板的原料。木材纤维原料是目前纤维板生产的主要原料，有原木、小径木、“三剩物”以及灌木和藤类等。将原料进行削片、筛选、清洗或风洗得到合格的木片，并放入木片料仓进行贮存而完成备料工段。削片是备料的第一个工序，也是关键工序。削片工序中要根据原料特性采用不同的削片机。小径木、“三剩物”以及灌木和藤类原料适合用鼓式削片机，原木或小径木适合用盘式削片机。

思考题

1. 目前常用的纤维板用原料有哪些？
2. 以竹材为纤维板原料时，在备料工段中应注意哪些问题？
3. 简述以木材为纤维板原料的备料工艺流程。
4. 如何计算木片中纤维平均长度？
5. 在纤维板生产中选用鼓式削片机或盘式削片机的依据是什么？
6. 影响木片质量的因素有哪些？
7. 木片经筛选后为什么要水洗？

第 3 章

纤维分离

本章简要介绍了纤维板生产的纯机械法、化学机械法、加热机械法(热磨法)和爆破法等纤维分离方法；论述了热磨法纤维分离工艺，及影响纤维质量的主要因素、纤维质量的衡量方法；介绍了热磨机、排料装置及高速磨浆机等设备的结构及工作原理。

从本质上讲，纤维板制造过程是将植物纤维原料先分离而后又重新结合的过程，纤维分离(又称制浆、解纤)是纤维板制造的关键环节。纤维分离质量在很大程度上决定了纤维板产品性能和原料利用率。

3.1 纤维分离方法

纤维分离的方法分为纯机械法、化学机械法、加热机械法和爆破法四大类别。

3.1.1 纯机械法

根据原料形状，纯机械法又分为木段磨木法和木片磨木法，前者原料为木段，后者原料为木片。纯机械法是将纤维原料用水浸泡或不经浸泡，依靠机械力的作用使之分离成纤维。木段磨木法虽然磨浆得率高，但其生产效率低而且动力消耗较大。木片磨木法又称高速磨浆法，它克服了木段磨木法只能用原木制浆的缺陷，且适应于各种原料木片的纤维分离，分离的纤维浆料色泽较淡而均匀，纤维的分离度高，损伤的纤维量相对木段磨木法要少。纯机械法纤维分离技术，曾在造纸制浆中应用过，但在国内纤维板生产中尚没有应用。

3.1.2 化学机械法

该法是采用药剂浸渍法、药剂液相蒸煮法、汽相蒸煮法等处理方法，以少量化学药剂对原料进行处理，使纤维胞间层和表层的木质素和半纤维素受到一定程度的软化溶解和破坏，从而削弱纤维间的固有连接，然后再通过机械力作用使其纤维分离。常用的化学药剂有亚硫酸钠、碳酸钠、氢氧化钠及石灰等。化学药剂可单独使用，也可混合使用，其用量根据被处理原料及制浆工艺不同，可为百分之几到百分之十几。由于该法纤维得率低，环境污染严重，对设备有腐蚀性，所以目前基本上已被加热机械法所代替。

3.1.3 加热机械法

加热机械法又称热磨法。该法是目前国内外纤维板生产中普遍采用的方法。它是将植物原料用热水或饱和蒸汽在特定温度和压力下进行处理，使纤维胞间层木质素软化或部分溶解，并在常压或高压条件下经机械外力作用而分离成纤维。此法所采用的设备称为热磨机。该机于1931年由瑞典人阿斯普伦德(A. Asplund)发明。

3.1.4 爆破法

爆破法是用高温高压蒸汽，将植物纤维原料在高压容器中进行短时间热处理，之后突然启阀快速排放于大气中，依靠蒸汽的快速释放膨胀，将纤维原料爆破成絮状纤维或纤维束。此方法是由美国人马森(W. H. Mason)于1924年，在里曼(Lyman)1858年专利基础上改进形成的纤维分离方法，故爆破法又称马森奈特法(Masnite)。

3.2 纤维分离工艺

目前国内外多采用热磨法，它的特点是软化后的植物纤维原料在纤维分离设备的磨齿或磨刀的摩擦、挤压、揉搓等作用下，分离成单体纤维和纤维束。由于湿法生产工艺废水污染严重、排污治理成本高、生产效率低、产品性能差，所以现在基本上都以干法生产纤维板。下面以干法纤维板生产为例介绍热磨法的纤维分离工艺。

3.2.1 纤维分离理论

纤维分离过程中，木片或纤维在磨盘之间受到各种变动载荷作用，而且这种作用力以很快的速度从零到最大值交替变换着。另外，木片或纤维在纤维分离条件下的应变性能又与本身的弹塑性有很大关系。用松弛理论解释纤维分离过程，既考虑了植物纤维作为高聚物在机械应变过程中所具有的普遍规律性，又考虑到植物纤维本身的弹塑性能。

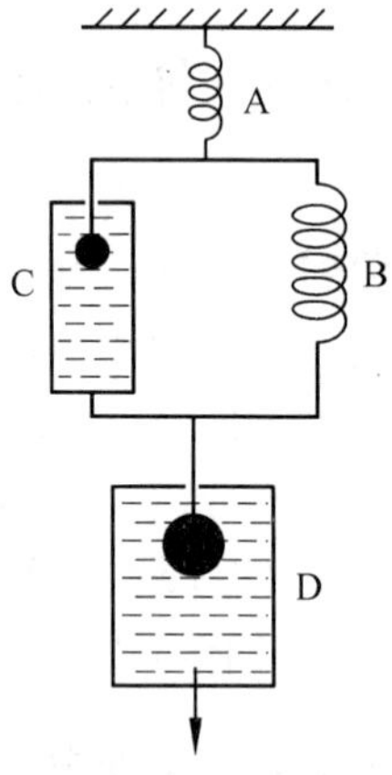

图3-1 高聚物受力变形模型

松弛理论认为，植物纤维与其他高聚物一样，根据受力情况可产生三种变形，即纯弹性变形、高弹性变形和塑性变形。图3-1所示为高聚物受力变形的模型，纯弹性变形由弹簧A表示，高弹性变形由弹簧B和活塞C表示，塑性变形由活塞D表示。纤维原料受纤维分离诸力作用会发生下列情况：①当作用力很小时，犹如只有弹簧A被拉长，纤维只产生纯弹性变形，也称急弹性变形，取消外力后，这种变形便快速完全消失，纤维恢复原状。②如果作用力继续增大，并超过纯弹性变形极限，犹如继弹簧A被拉长之后，弹簧B也被拉长，与此同时活塞C也将产生移动，这种继纯弹性变形后出现的补充变形称为高弹性变形。作用力取消后，高弹性变形如同纯弹性变形一样能够完全消失，纤维可完全恢复原状。但是高弹性变形的消失速度因受到活塞C的阻尼作用而变得缓慢(几秒到几分钟)。③如作用力再继续增大，犹如在弹簧A、B被拉长及活塞C被移动之后，活塞D也开始移动，这部分变形称为塑性变形。外力解除后，塑性变形是不能消失的，故又称永久变形。

依据松弛理论，纤维分离的速度取决于两个基本因素：一个是原料受力变形后的弹性恢复速度，即外力解除后原料恢复到原来状态所需要的时间；另一个因素是对原料的相邻两次作用力的时间间隔。如果纤维变形后的复原速度很快，或者对纤维的相邻两次作用力的时间间隔较长，则原料变形有可能在下一次外力作用前完全或大部分恢复，原料将不能在连续受力状态下达到“疲劳”的程度，因而纤维分离度较低，或需延长纤维分离时间，增加能量消耗。反之，如果原料产生变形后的恢复速度较慢，或者对纤维的相邻两次作用力的时间间隔较短，则原料可能在变形未完全或大部恢复之前就受到下一次外力作用，促使原料在连续受力条件下很快达到“疲劳”程度，纤维就容易从木片上被剥离下来，或可缩短纤维分离时间，减少能量消耗。

3.2.2　纤维分离过程中的主要因素

纤维分离过程的基本要求是在保证纤维质量的前提下，尽量缩短纤维分离时间和降低电耗，以提高纤维分离设备生产效率和降低生产成本。

如前所述，原料受力变形的恢复速度和两次作用力的时间间隔，是影响纤维分离速度的两个基本因素。原料变形后的恢复速度与其弹塑性直接相关；两次作用力的时间间隔与外力作用频率，即单位时间的外力作用次数也有直接关系。原料的弹性越大，变形后的恢复速度就越快；外力作用频率越高，相邻两次作用力的时间间隔就越短。因此可以说，原料的弹塑性和外力作用频率是纤维分离过程中的两个主要因素。此外，纤维分离时的单位压力和浆料浓度等，也都直接影响纤维质量和纤维分离速度。

（1）原料的弹塑性

原料的弹塑性决定其变形后复原所需时间。如果原料富于弹性，变形后复原所需时间就短，原料受力后产生的变形可能在下一次外力作用之前全部或大部恢复，导致纤维分离时间延长，纤维切断增多。如果原料富于塑性，变形后复原所需时间就长，原料在下一次外力作用之前变形来不及恢复，容易分离成单体纤维或纤维束，则纤维分离时间短，设备效率高。用富于塑性的原料制得的纤维，横向切断少，纵向分裂多。

原料的弹塑性与其温度、含水率、分子间的结合力及大分子的聚合度有关。温度越高、含水率越大、分子间的结合力越小、大分子的聚合度越低，原料的塑性就越大。上述影响原料弹塑性的因素是相互联系的。提高原料塑性的主要措施就是纤维分离前对原料进行软化处理。

（2）外力作用频率

根据松弛理论，外力作用频率，即单位时间内纤维分离机构（如磨刀、磨齿等）对原料的作用次数，是影响纤维分离质量和产量的主要因素。

表 3-1 表示纤维分离过程中外力作用频率和压力的作用。从表 3-1 中的 2、3 号试验结果可看出，在大致同样压力条件下（144N 和 138N），由于外力作用频率提高 40%（由 154 次/s 提高到 216 次/s），纤维分离时间缩短近 50%（从 45min 降到 24min），平均纤维长度和纸张的所有强度指标都有所提高。

外力作用频率小，纤维质量、产量下降，是因为外力作用频率小，说明纤维分离机构对原料相邻两次作用力的时间间隔长，原料变形后可能在下一次受力前全部或大部恢复原状，原料中原有内应力可能全部或大部消失。为了使原料分离成纤维，必须使其重

表 3-1 纤维分离过程中外力作用频率和压力的作用

试验编号	磨浆机的向心力(N)	外力作用频率(次/s)	纸张裂断长(m)	纸张耐折度(双折)	纸张耐破强度(MPa)	平均纤维长度(mm)	磨浆时间(60°SR)(min)
1	72	154	4920	43	0. 18	1. 520	72
2	144	154	4520	38	0. 16	1. 042	45
3	138	216	5110	68	0. 19	1. 430	24
4	276	216	3640	32	0. 14	0. 892	11

新获得必要的内应力。这样不仅延长了纤维分离时间、增加了电力消耗，而且纤维质量因纤维横向切断增多而下降。提高外力作用频率的方法很多，如提高磨盘转速、加大磨盘直径、改革磨盘齿形等。纤维板生产中广泛使用高速磨浆机，就是为了提高外力作用频率，进而提高纤维分离设备效率和纤维质量。

(3)单位压力

纤维分离单位压力是指单位纤维分离面积上所承受的压力。为使原料分离成纤维，纤维分离时必须对原料施加一定压力。压力大小主要以原料的弹塑性而定，原料塑性大，纤维分离压力可小些。此外，压力大小与纤维分离设备、纤维用途也有关系，如使用高速磨浆机时，压力可小些，生产粗纤维时，压力可大些。

增加单位压力可缩短纤维分离时间，提高设备效能。从表 3-1 中的 3、4 号试验可以看出，纤维分离压力提高 1 倍(从 138N 提高到 276N)，纤维分离时间可缩短一半(从 24min 缩短到 11min)。但是，由于原料中内应力增大，很多纤维被切断，平均纤维长度和纸张的所有强度指标都有所降低。由此可得出结论，为了保证纤维质量和提高设备效能，宜采用增加外力作用频率的方法，而不宜采用提高单位压力的方法。在条件允许的情况下，应尽量降低纤维分离单位压力。

(4)纤维浓度

纤维分离时纤维里必须有一定水分，其目的是使植物纤维润胀软化，吸收纤维分离时产生的摩擦热及便于纤维输送。但是，纤维浓度必须适当。如果纤维浓度过低，由于大量水分在纤维间起润滑作用，纤维间的摩擦力很小，纤维分离主要靠与磨盘的接触作用，因此磨盘间隙必须控制在很小的范围内。在这种条件下，纤维必然受到磨盘的剧烈摩擦作用。因为同时通过磨盘的纤维数量很少，所以多数纤维直接与磨盘接触，被切断的纤维较多，纤维质量较差。其次，由于磨盘的装配精度和磨损的不均匀性，整个磨盘不可能保持如此精密的均等间隙。部分间隙可能很小，甚至相互接触，使纤维受到过度压溃和切断，而另一部分间隙又可能过大，纤维得不到必要处理。如适当提高浆料浓度，情况就会发生根本变化。随着浆料浓度的增加，纤维间的相互摩擦将起主导作用，在这种条件下，纤维分离主要靠磨盘间的纤维自身相互摩擦，而与磨盘的接触作用变成次要因素。因此，磨盘间隙可以增大，从而避免了纤维过度压溃和切断。此时，受切断作用的只是那些直接与磨盘接触的一小部分纤维，而大部分纤维主要受挤压和揉搓作用，从而改善了纤维质量，这就是所谓高浓磨浆的效果。

3.2.3 原料加压蒸煮软化工艺

3.2.3.1 水、热对纤维的作用

纤维原料经蒸汽或热水处理之后之所以被软化，除了纤维原料受热与水作用塑化之外，主要是纤维水解作用的结果。纤维受热分解的有机酸便是这种水解反应的催化剂。当然，这种只靠纤维本身分解的有机酸作催化剂的水解过程，与工业上加无机酸使原料中全部碳水化合物溶解的水解过程相比，只是一种很缓慢的水解过程，因此也称为预水解过程。植物纤维在预水解过程中发生的主要变化有以下几种。

(1) 热水抽提物溶解

蒸煮温度升到100℃以上时，植物纤维中的热水抽提物如单糖、淀粉、单宁、部分果胶等首先溶解。

(2) 半纤维素水解

随着蒸煮温度的升高和蒸煮时间的延长，半纤维素中易水解部分开始溶解。半纤维素中各种聚糖化合物水解的难易程度各不相同，水解速率相差很大。木糖聚糖化合物比葡萄糖聚糖化合物易于水解。而其中β联结比α联结的水解速率大。半纤维素中也有一部分难以水解的，这是因为它们处于纤维的细胞壁内，受到纤维素保护。

(3) 纤维素水解

因为纤维素聚合度较高，且有结晶区，故不易水解。但随着温度升高和时间延长，水分子可能进入纤维素的无定型区，使其水解，降低聚合度。也可能有某些聚合度较低的纤维素溶解于水。在预水解的条件下，纤维素的结晶区是难以破坏的。因此，水、热对纤维素的作用的主要表现是聚合度降低和低聚合度纤维素分子链的数量增多。

(4) 木素水解

木素是抗酸的，但在预水解条件下，木素也会受到破坏而改变性质。据称100～120℃时就出现木素水解反应，并有微量木素溶解。水解后残留的固体木素与原本木素的性质不同，例如它很容易在苯醇溶剂中溶解。木素为热塑性，具有相当高的玻璃化转变温度，随树种、分离方法、相对分子质量等而异，绝干木素的玻璃化转变温度为127～235℃，但在吸水润胀时，则如表3-2所示，由于水起到了木素的增塑剂作用，因而降低了它的玻璃化转变温度，有利于木素软化。

表3-2 木素的玻璃化转变温度

树种	分离木素	玻璃化转变温度(℃)	
		干燥状态	吸湿状态(水分含量百分比)
云杉	高碘酸木素	193	115(12.6%)
云杉	高碘酸木素	—	90(27.1%)
桦木	高碘酸木素	179	128(12.2%)
云杉	二氧六环木素(低分子量)	127	72(7.1%)
云杉	二氧六环木素(低分子量)	146	92(7.2%)
针叶材	木素磺酸盐(Na)	235	118(21.2%)

因为温度可使木素分子活化，故在木素水解的同时，会出现木素缩合反应。因此，在预水解条件下，木素不可能大量溶解，主要是木素受热软化。

3.2.3.2 加压蒸煮工艺

加热蒸煮分蒸汽蒸煮和水蒸煮两种，二者软化原理相同，区别在于加水量不同。蒸煮器中水量为绝干木片重量的1～1.5倍时，称为蒸汽蒸煮，水量为绝干木片重量3倍以上时，称为水蒸煮。加压蒸煮软化方法制得的纤维柔软易曲，强度比磨木浆高，但色泽较深。一般来说，水蒸煮的纤维质量比蒸汽蒸煮好，但耗汽量大。目前纤维板生产主要采用蒸汽蒸煮。加压蒸煮时，选择正确的蒸煮温度和时间很重要。蒸煮温度高低和时间长短直接影响纤维质量、纤维得率和纤维分离的动力消耗。

蒸煮温度越高，木片弹塑性越好，如表3-3所示，蒸煮温度由135℃升至175℃时，木片的弹塑性提高了近50%。蒸煮温度与纤维板强度的关系见表3-4。

表3-3 蒸煮温度与木片弹塑性的关系

蒸煮温度(℃) (24h，pH=6.2)	静弹性模量 (MPa)	冲击弹性模量 (MPa)	变形恢复时间① (10^{-4}s)
未经蒸煮木片②	8894～9522	8178～9737	1400～1849
135	7462	7355	3660
155	5364	6119	3523
175	4079	4295	5501

注：①指在高频振动范围内弹性变形的恢复时间。
②木片含水率为55%～60%。

表3-4 蒸煮温度与纤维板强度的关系

蒸煮条件		木片蒸煮得率(%)	浆料得率(%)	pH值		纤维分离时间(min)①	纤维分离度(°SR)	静曲强度(MPa)
温度(℃)	时间(h)			蒸煮前	蒸煮后			
145	3	90.5	86.7	6.8	3.6	20/240	9.0	28.4
155	3	85.5	81.7	6.0	3.4	20/180	10.4	33.5
165	3	81.3	74.6	6.6	3.3	20/120	10.0	41.6
175	3	83.4	75.0	6.1	3.9	10/60	10.5	37.7

注：①纤维分离分两次进行，先用石磨，后用水力碎浆机，数据中分子表示石磨分离纤维时间，分母表示碎浆机分离时间。

从表3-4可以看出，蒸煮温度由145℃增加到165℃时，纤维板强度从28.4MPa提高到41.6MPa。但温度升到175℃时，纤维板强度反而下降到37.7MPa。出现这种现象的原因，主要是由于温度升高时，纤维之间结合力削弱，纤维分离时机械损伤小，纤维的交织性能好，有利于纤维之间的相互结合，所以纤维板强度升高。但若温度过高，纤维本身破坏严重，机械强度急剧下降，故纤维板强度也随之下降。

蒸煮时间也直接影响纤维板强度，如表3-5所示。当温度不变时，延长蒸煮时间可提高纤维板强度。然而时间过长，板材强度反而下降，其原因也是纤维本身在长时间高

表 3-5 蒸煮时间对纤维板性质的影响

树种	蒸煮时间		蒸煮结束时 pH 值	木片蒸煮得率(%)	纤维分离度(°SR)	热压条件			纤维板密度(kg/m³)	静曲强度(MPa)
	时间(min)	温度(℃)				压力(MPa)	时间(min)	温度(℃)		
桦木	22	175	3.82	91	12	4.02	13	165	1160	44.42
桦木	45	175	3.67	85	12	4.02	13	165	1170	64.13
桦木	70	175	3.72	80	13	3.73	10	165	1150	59.42
松木	22	175	4.50	96	12	2.94	10	180	1040	40.50
松木	45	175	4.01	90	13	2.94	10	180	1020	56.58
松木	70	175	4.05	88	12	2.94	10	180	980	34.62
松木	90	175	4.15	87	12	2.94	10	180	990	30.01

温作用下严重破坏，导致纤维板强度急剧下降。

蒸煮温度对纤维分离时的动力消耗影响很大，如图 3-2 所示。当温度接近 100℃时，动力消耗有所下降，超过 100℃时，随温度升高，动力消耗明显下降。当温度达到 160～180℃，即温度达到木素的软化点(针叶材 170～175℃、阔叶材 160～165℃)时，胞间层被软化，动力消耗急剧下降，此时，木片很容易分离成纤维。热磨机分离纤维时的温度通常在 165℃以上，这就是热磨法纤维分离耗电少的原因所在。生产中常用提高蒸煮温度和延长蒸煮时间来改善纤维质量、减少动力消耗和提高生产效率。但温度越高，时间越长，纤维得率就越低，见表 3-6 和图 3-3 所示。这样不仅提高了成本，而且过多的水溶物会造成水污染(湿法生产)或致使施胶量增加、吸水与防腐性下降(干法生产)。

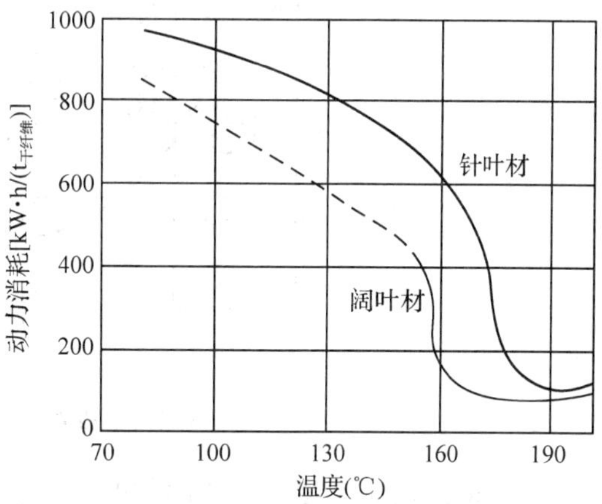

图 3-2 蒸煮温度与纤维分离时动力消耗的关系

表 3-6 纤维得率与蒸煮温度和时间的关系

树种	纤维得率(%)																	
	100℃					148℃				170℃				186℃				
	2h	4h	8h	12h	24h	2h	4h	8h	12h	2h	4h	8h	12h	2h	4h	6.5h	8h	12h
白桦	97.7	97.6	97.3	94.8	96.8	83.7	78.5	75.8	74.4	70.9	71.2	70.5	58.8	68.6	67.9	63.6	62.7	60.7
班克松	97.6	97.7	97.0	96.4		84.1	82.4	80.0	77.6	73.6	72.2	71.3	70.9	69.5	68.6	—	67.9	—

如图 3-3 所示，云杉在 183℃条件下蒸煮 5min，重量损失为 8%，蒸煮 35min，重量损失为 25%；温度为 223℃时，仅蒸煮 3min，重量损失就高达 32%。试验结果表明，在预水解条件下，温度每升高 8℃，水解反应速率增加一倍。

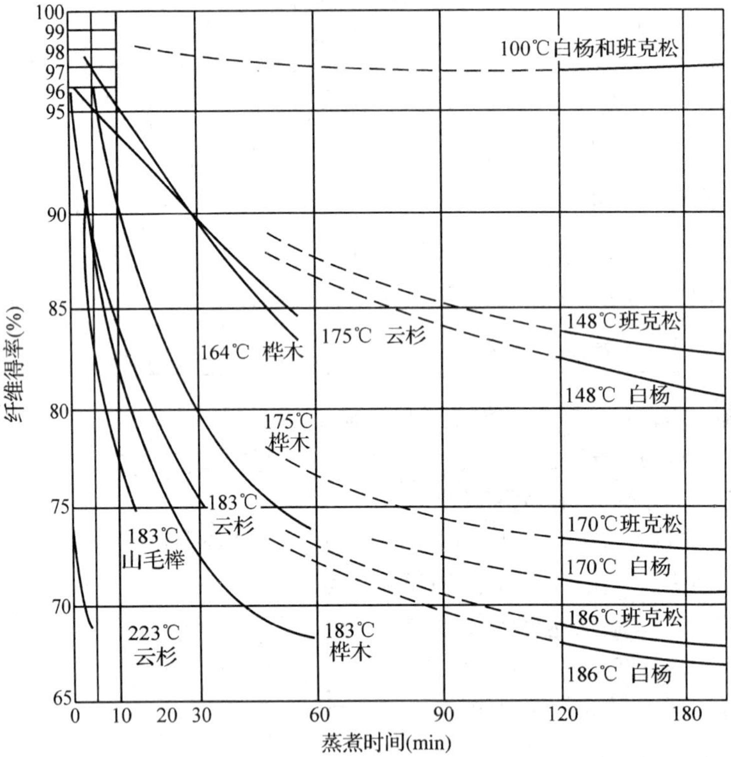

图 3-3　蒸煮条件对纤维得率的影响

在重量损失中包括木材中的可溶单糖和蒸煮过程中半纤维素、纤维素水解生成的可溶性碳水化合物。木材中的可溶单糖仅占木材重量的 1% ~3%，在蒸煮过程中是必然溶解的。但其他可溶性碳水化合物则是一种不必要的损失，改变蒸煮条件，这种损失是可以控制的。如降低热磨温度，可减少可溶性碳水化合物损失，提高纤维得率。

从图 3-2、图 3-3 和表 3-5、表 3-6 中可以看出，树种不同，蒸煮效果也不一样。在同样蒸煮条件下，阔叶材对水解反应比针叶材敏感得多，重量损失大。其原因一是由于结构上的特点，液体对针叶材的渗透性能差；二是针叶材树脂、木质素多，且木质素性质与阔叶材木质素有差异；三是阔叶材的半纤维素多，介质酸性强，易水解。因此，针叶材的蒸煮温度可以高些，时间也可稍长。

总之，选择蒸煮条件时，必须根据生产条件，对树种、纤维质量、纤维得率、电耗、纤维板质量及废水处理等因素加以综合分析。热磨法纤维分离，木片预热时间不应长于木片温度升至木质素软化点所需要的时间，热磨温度应在 165 ~180℃。

木片经蒸煮处理后，成分和性质会发生一系列变化，其中有永久性的，如颜色变化；也有可逆性的，如木片软化。木片经蒸煮而软化，但冷却后很快变硬。因此，木片经蒸煮处理后应尽快进行纤维分离，热磨法纤维分离之所以耗电量小，原因之一就是预热后的木片立刻在同样温度条件下进行纤维分离。

传统的热磨法高温高压纤维分离技术，针对木质素的熔融温度(165～175℃)，将预热饱和蒸汽压力提高到0.8～1.2MPa(170～187℃)，在1～2min的短时间内木片即可软化，并进行纤维分离，其纤维得率在94%～96%，动力消耗为180～250kW·$h/t_{干纤维}$。

在纤维分离过程中产生的低分子有机物，于湿法生产工艺下都进入废水中，而干法生产时除少量小分子有机物挥发掉之外，其余都留在纤维中。为了防止纤维中低分子有机物含量高，而出现施胶量和防水剂用量增加、板材的防水性下降的现象，在干法生产中要采用低温低压软化处理纤维分离工艺，即降低纤维原料软化处理温度，通过延长软化处理时间或增加磨盘转速来提高纤维分离效率，以减少因蒸煮温度过高而导致纤维原料过度降解，抑制低分子有机物的产生量。一般预热饱和蒸汽压力要在0.4～0.6MPa(143～158℃)，软化时间4～6min，此时纤维得率可提高1%～3%。热磨法纤维分离，因为在密闭容器里进行，所以避免了因与大气中氧气接触而引起的纤维损失。

3.2.4　影响热磨法纤维质量的主要因素

(1)原料对热磨纤维质量的影响

树种不同，其木材的软硬程度不同。热磨时，一般密度在0.4～0.6g/cm^{3}的针叶材或软阔叶材树种易于纤维分离，而密度高的硬针、阔叶材，纤维分离难度较大。虽然像杨树、桉树、泡桐等软阔叶材比较容易分离纤维，但以这种材种压制的纤维板的力学性能往往较差。以胶合板厂下脚料单板或木芯为原料时，虽然也易于纤维的分离，但由于所制得纤维的长宽比很小，仅在13～30，用这种纤维压制的纤维板静曲强度低。目前多数纤维板生产所用原料的种类繁多而混杂，因此要科学合理地搭配使用才能保证纤维质量的稳定。实践证明，原料的合理搭配使用不仅保证热磨时进料均匀，也可防止进料螺旋打滑和反喷，并可稳定热磨机的生产效率和纤维质量。如桦木的纤维细小，压制的纤维板强度虽然较高，但吸水性较高。当桦木与红松、云杉、落叶松等针叶材搭配使用时，如果用25%的桦木纤维，不仅有助于提高产品的强度，并可改善产品的防水性能；当桦木纤维用量超过50%时，虽然会使产品强度进一步提高，但产品吸水性也随之增大。

(2)树皮对热磨纤维质量的影响

纤维板生产的主要原料来源是小径材和“三剩物”，因此所用木质原料中不可避免地会混入树皮。树皮占树木的6%～20%，平均在10%左右，小径木和枝丫材的树皮含量在15%～30%。树皮含量的多少对热磨时纤维得率以及对纤维板产品质量都有影响。随着树皮含量的增加，纤维滤水度随之增加，从而影响板坯的滤水性能和透气性能。同时，随树皮含量的增加，纤维得率减少，纤维板的表面质量和力学强度下降。一般来说，在实际生产中树皮含量不宜超过20%。

(3)木片含水率对热磨纤维质量的影响

热磨时木片含水率在饱和点(30%左右)以下时，会严重影响热磨纤维的质量。特别是木材加工厂经干燥的木材下脚料，以及干旱季节原材料的含水率普遍在15%以下，甚至木片表面部分接近绝干状态，因而水及水蒸气在短时间内不易渗透到纤维细胞中去。木片在研磨时几乎处在干磨状态，所分离出的纤维粗硬而细碎，此种纤维无疑会直接影响纤维板产品的物理力学性能。实践证明，木片含水率在40% ~50%时所磨出的纤维质量最好、最稳定，且动力消耗也低。如松木木片在含水率49.4%时研磨和在含水率18.2%时研磨，纤维长宽比前者为32.5，后者为28.6，磨浆电流负荷前者要比后者少20% ~30%。

(4)预热的温度、时间与热磨纤维分离质量的关系

木片预热处理，其目的是提高纤维的塑性、减少磨浆时的动力消耗、缩短研磨的时间以及提高分离纤维的质量。蒸煮压力和温度及预热时间的长短，直接影响磨浆纤维质量、纤维的得率和纤维分离的动力消耗，所以选择正确的预热工艺参数十分重要。蒸煮温度越高，木片塑性越好。当蒸煮温度由135℃升至175℃时，木片的塑性几乎提高50%。

在一定范围内随着蒸煮温度的提高，纤维间的结合力削弱，解纤时纤维所受的机械损伤会较小，纤维形态也较好而有利于纤维之间交结性，故纤维板的强度也相应提高。但是，当蒸煮温度过高时，纤维本身将受到严重破坏，使机械强度急剧下降，故纤维板产品强度也随之下降。此外，应注意防止纤维损失。当蒸汽压力为0.6MPa时，可通过增加电能消耗的方法来节约原料的消耗。

(5)热磨法分离纤维的形态特征

热磨法分离纤维适于处理木材和非木材植物纤维原料。一般工业用木材原料中，针叶材的组织结构比较简单，其中95%以上为管胞。而阔叶材的纤维管胞和韧性木纤维共占43% ~70%，这也是阔叶材纤维可利用的有效成分，其余则是导管和薄壁细胞组织。热磨法是利用木材中胞间层含有占整个纤维细胞75%的木质素这个特点，原料的木片先经预热使其木质素软化，再进行研磨分离。所以用热磨法制得的纤维不仅较完整，而且得率也较高，但也有部分纤维因受研磨而被压溃。

3.2.5 纤维质量

为了使纤维板在热压或干燥过程中获得应有的强度和耐水性，分离后的纤维必须有一定的比表面积和交织性能。为此，对分离后纤维的长度、长宽比(长/径)、筛分值、滤水性能、纤维的亲水性、化学组成及聚合度等均有一定的要求。纤维板生产中通常采用纤维分离度和纤维筛分值衡量纤维的质量。

(1)纤维分离度

纤维分离度与纤维分离过程中纤维被分离的程度有直接关系。纤维分离得越细，纤维的比表面积就越大，纤维的滤水性能就越低；反之，如纤维的滤水性能高，说明纤维比较粗，纤维的比表面积小。因此，纤维的滤水性能在一定程度上可以反映纤维被分离的程度，即反映纤维分离度。生产上正是利用纤维(浆料)的滤水性能与纤维分离度的这种相关关系，通过测定浆料的滤水性能而间接地测定纤维分离度。

纤维分离度测定仪的种类很多，国内外湿法生产常用滤水度测定仪、叩解度测定仪及游离度测定仪等，其中滤水度测定仪使用最普遍。上述三种测定仪分别以滤水度

(DS，有时称热磨砂)、叩解度(°SR)及游离度表示纤维分离度。各种单位之间没有数学关系，但有实验数据的换算关系。纤维分离度是纤维的重要质量指标，对产品质量和生产工艺有直接影响。在一定范围内，纤维分离度越高，即纤维越细，板胚内纤维间的交织情况就越好，而且由于纤维的接触面积增加，纤维板的强度、耐水性及密度也随之提高，如表 3-7 和图 3-4 所示。但是不能得出纤维分离度越高越好的结论。实际生产中的纤维分离度是控制在一定范围内的。如果超过一定限度，不仅脱水、排气困难，而且加压时也会因排水和排气困难而破坏板胚结构。各种纤维板对纤维分离度的要求见表 3-8。

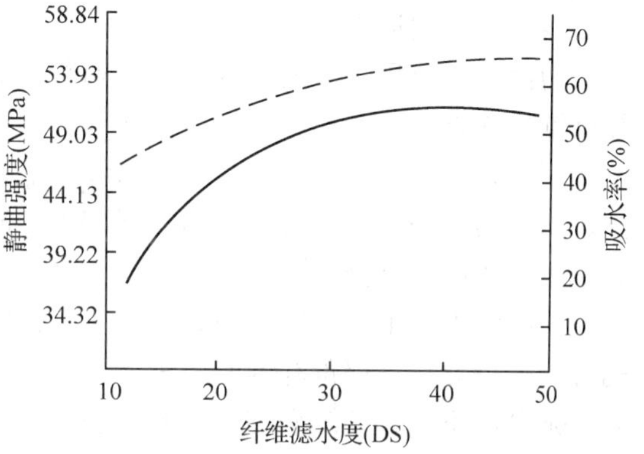

图 3-4　纤维滤水度与纤维板强度及吸水率的关系

表 3-7　纤维分离度与纤维板强度及密度的关系

叩解度(°SR)	软质板		硬质板	
	静曲强度(MPa)	密度(kg/m³)	静曲强度(MPa)	密度(kg/m³)
14	4.5	260	52.9	1010
16	5.7	330	59.2	1050
18～20	7.7	360	76.3	1100

表 3-8　各种纤维板的纤维分离度

板的类型	密度(g/m³)	纤维分离度	
		滤水度(DS)	叩解度(°SR)
软质板	<0.3	60～80	18.6～21.0
软质板	0.3～0.4	40～50	15.5～17.5
半硬质板	0.5～0.7	30～35	13.5～14.5
硬质板	0.8～1.0	20～28	11.5～12.5

综上所述，为稳定纤维板质量，在纤维分离过程中必须经常检查纤维分离度，随时进行调整，使其稳定在一定范围之内。

(2) 纤维筛分值

通常纤维分离度或纤维的滤水性能可以反映纤维的质量，但它往往只能表示纤维质量的一个方面。例如，粗纤维的滤水性能好，细纤维的滤水性能差，但粗纤维中若含有大量细纤维，其滤水性能也比较差。又如，非常粗的纤维和细纤维的混合物与只有中等长度纤维的纤维相比，其滤水性能可能是相同的。实际生产中有时也发现，虽然控制了纤维分离度，而纤维板质量仍不稳定。这些现象说明，单凭纤维分离度还不能全面、确切地表示纤维质量。

为使纤维板具有一定强度、刚性和密度，分离后的纤维必须具有一定长度，长短粗细纤维的配合也要有一定比例，即纤维大小及长短粗细纤维配比也是衡量纤维质量的重要指标。纤维长度及其配比情况是用纤维筛分仪测定的。由于筛分仪形式和测定方法不同，所得结果即筛分值也不相同。所谓筛分值，就是浆料中留于或通过各种规格筛网的纤维重量所占的百分比。

干法纤维板生产对纤维筛分值的测定，则是采用振动筛测定通过或留在不同网目下的纤维的百分比来评价纤维的质量。

筛分值不同，纤维板的性质也不同。具有同样纤维分离度的纤维，如果筛分值不同，纤维板的强度也不相同，见表 3-9。从表 3-9 和表 3-10 可以看出，细小纤维含量对硬质纤维板强度影响较大。研究表明，纤维中通过 200 目筛网的细小纤维含量若在低于 21. 68% 的范围内，硬质板的强度将随其含量的增加而提高。有材料报道，为了生产符合标准的硬质纤维板，浆料中通过孔径 0. 25mm 筛网的细小纤维量不得少于 25%。细小纤维富于塑性，能填充纤维间隙，增大纤维接触面积，因而纤维板的物理力学性能较好。当然，细小纤维的量也不能过多，否则将因细小纤维本身强度低而降低纤维板的强度。

表 3-9　筛分值对纤维板静曲强度的影响

编号	浆料配比(%)	叩解度(°SR)	筛分值(%)					静曲强度(MPa)
			28 目以下	28 ~ 40 目	40 ~ 80 目	80 ~ 200 目	200 目以上	
1 - 1	母浆 100	12. 5	6. 24	14. 53	41. 87	24. 16	13. 20	36. 2
1 - 2	中浆 100	12. 5	6. 24	14. 93	41. 74	32. 66	10. 67	30. 8
1 - 3	粗浆 78 细浆 22	12. 5	3. 28	18. 29	46. 10	21. 25	11. 08	30. 8
2 - 1	母浆 100	12. 0	11. 49	20/22	37. 96	18. 44	11. 89	29. 8
2 - 2	中浆 100	11. 0	11. 49	23. 87	51. 79	20. 30	4. 04	27. 8
2 - 3	粗浆 75 细浆 25	11. 0	48. 40	23. 23	4. 88	6. 79	16. 70	30. 1
3 - 1	母浆 100	11. 5	14. 35	8. 69	41. 24	21. 56	14. 16	47. 9
3 - 2	中浆 89 细浆 11	11. 5	—	16. 17	47. 64	25. 72	10. 50	40. 0
3 - 3	粗浆 73 细浆 27	11. 5	13. 77	34. 59	27. 63	15. 23	8. 78	39. 5

注：原浆为母浆，将原浆筛分，留于 28 目筛网者为粗浆，通过 80 目筛网者为细浆，通过 28 目筛网而留于 80 目筛网者为中浆；第 3 批试料未施加防水剂。

表 3-10　纤维特性与纤维板强度的关系

叩解度（°SR）	筛分值（%）					静曲强度（MPa）
	28 目以下	28 ~ 40 目	40 ~ 80 目	80 ~ 200 目	200 目以上	
9	38. 94	20. 43	22. 76	16. 07	1. 80	34. 6
10	12. 94	16. 51	39. 78	18. 30	12. 47	40. 3
12	5. 88	11. 62	43. 80	22. 63	16. 07	47. 5
15	—	6. 12	50. 08	24. 53	19. 27	49. 8
18	—	7. 50	45. 57	25. 25	21. 68	60. 2
9	18. 89	21. 41	28. 64	22. 88	8. 18	34. 1
10	15. 06	23. 48	39. 10	11. 79	10. 57	36. 7
12	6. 58	18. 59	39. 50	22. 50	12. 83	41. 8
15	—	2. 53	52. 76	28. 68	16. 03	59. 9
18	—	2. 02	54. 05	24. 29	19. 64	62. 5

不同筛分规格的纤维性能也不相同。如果分别用纤维的各种筛分规格制板，则纤维板的性质大不相同。如图 3-5 所示，30 ~ 60 目筛分规格的纤维板吸水率低，强度高。这与纤维形态有关，这种筛分规格的纤维长宽比较高，交织性能好。一般来说，纤维越长，交织性能越好，但超过一定限度也会因纤维凝聚而给湿法成型工序带来困难，影响制品质量。浆料的平均纤维长通常越是接近原料的平均纤维长，则纤维板质量就越好，如图 3-6 所示。

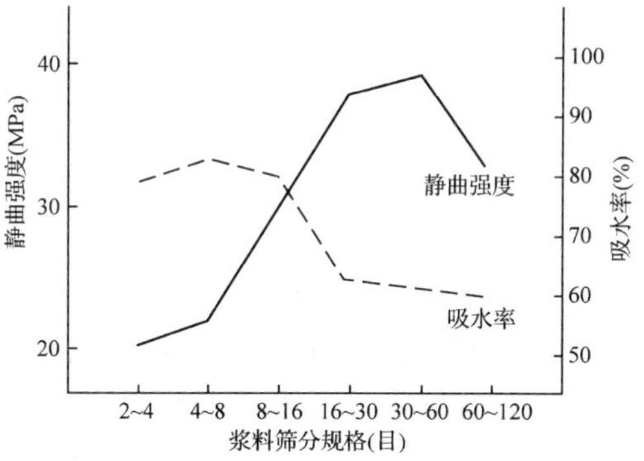

图 3-5　纤维筛分规格与纤维板性质的关系

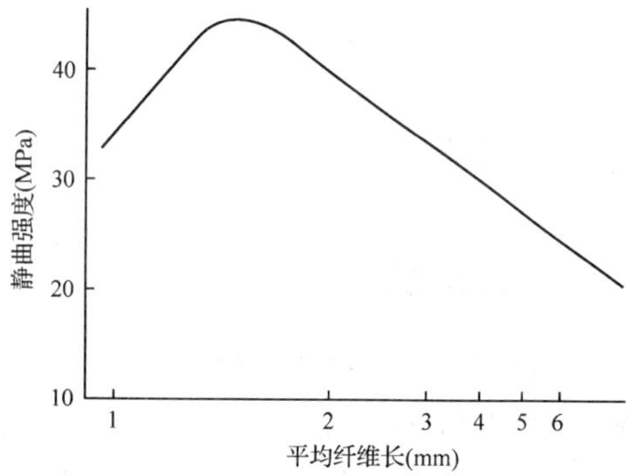

图 3-6　白桦的平均纤维长与纤维板静曲强度的关系

各种纤维宜搭配使用。在树种混杂的情况下，若同时生产粗浆和细浆，并将两种浆料搭配使用，可生产出优质的纤维板。如美国生产软质纤维板所使用的纤维以磨木浆纤维为主，其余则搭配热磨法纤维或高速磨浆法纤维。这种用纤维搭配使用来改善纤维质量的方法，说明了纤维筛分值的重要意义。

影响纤维形态的因素主要是树种、纤维分离方法及设备，如表 3-11 和表 3-12 所示。从表中的数据可清楚看出，就分离后的纤维形态而言，针叶材比阔叶材好，化学机械法比热磨机械法好，纯机械法效果最差。

表 3-11 纤维平均尺寸与树种及纤维分离方法的关系

纤维分离方法	纤维平均尺寸(mm)					
	松木		云杉		山杨	
	长	宽	长	宽	长	宽
加热机械法	1.0～2.32	—	1.06～1.72	0.044	0.18～0.98	—
纯机械法	—	0.044	0.62～1.23	—	0.07～0.86	0.033
化学机械法	1.31～3.12	—	1.68～3.83	—	0.20～1.12	—

表 3-12 云杉纤维筛分值与纤维分离方法及设备的关系

纤维分离方法	纤维分离设备	纤维筛分值(%)			
		0.9mm 以上	0.3～0.9mm	0.05～0.3mm	0.05mm 以下
加热机械法	热磨机、连续式打浆机	51.3	10.0	17.6	21.1
	高压釜、连续式打浆机	62.1	20.5	15.3	2.1
	连续式蒸煮器、磨碎机	64.1	15.2	13.1	7.6
纯机械法	磨木机	48.6	12.3	15.9	23.2
化学机械法	蒸煮锅、磨碎机	68.3	24.4	5.4	1.9

综上所述，纤维筛分值在实际生产中有很大意义，如果掌握得当，调整纤维筛分值可改善纤维性能，提高纤维板质量。纤维筛分值究竟以多少为好，应根据生产条件和质量要求，通过试验确定。

3.3 纤维分离设备

3.3.1 热磨机

热磨法纤维分离所用设备是热磨机，目前生产上普遍使用的热磨机其结构如图 3-7 所示。热磨机由进料机构、预热蒸煮缸、磨室和排料装置等构成，此外还配备液压油泵、高压冷却水泵和润滑油泵等辅助设备。

热磨机的工作程序为：来自料仓的木片由进料螺旋送入预热蒸煮缸，在饱和蒸汽作用下进行软化处理。然后由蒸煮缸底部的运输螺旋将软化后的木片送入磨室，在同样温度下进行纤维分离。分离后的纤维经排料装置进入减压稀释器(湿法生产)或干燥机(干法生产)。

(1)进料机构

进料机构一方面要保证均匀定量供料，另一方面还必须有较高的密封性能，保证不漏气。目前，纤维板生产广泛采用螺旋进料器。螺旋进料器主要由进料螺旋、螺旋管和外塞管组成，如图 3-8 所示。通常将整个螺旋分成前后两段，前段为等距螺旋，保证计量供料，后段螺旋的螺距和直径逐渐缩小，在输送木片的同时对木片实行压缩，在外塞管内形成木塞，以防止蒸汽外漏。为了保证木塞形成，传统热磨机在外塞管后侧设有阻

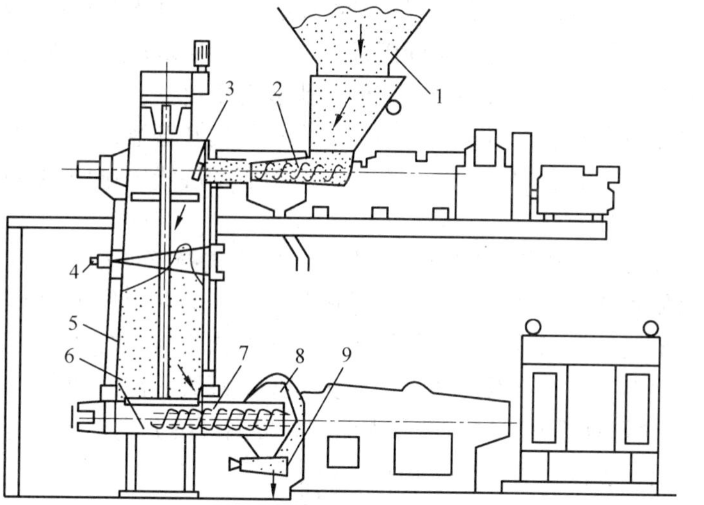

图 3-7　热磨机结构示意图

1. 料仓　2. 进料螺旋　3. 防反喷阀　4. γ 射线料位计　5. 立式预热蒸煮缸　6. 搅拌拨料器　7. 运输螺旋　8. 磨盘　9. 纤维排料

尼挡板，现在普遍采用气动防反喷阀装置。木片受螺旋进料器的强烈挤压而损伤，纤维强度有所下降，不过经压缩后的木片在进入预热蒸煮缸后自动回弹膨胀，有利于水汽快速进入木片内部，从而加速木片的软化。

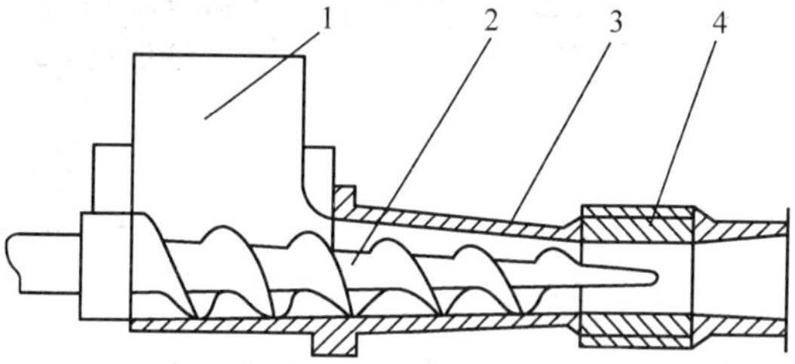

图 3-8　螺旋进料器示意图

1. 木片进料器　2. 进料螺旋　3. 螺旋管　4. 外塞管

采用回转阀代替螺旋进料器，优点在于能避免木片因受挤压而造成损伤，耗电低，无反喷问题，对原料有更广泛的适应性。但是，回转阀与预热蒸煮缸的配合精度要求高，阀体表面须进行特殊处理，以提高其耐磨性和防腐蚀性能。

(2) 预热蒸煮缸

传统的预热蒸煮缸由水平预热缸和垂直（立式）预热缸两部分组成，软化处理温度由饱和蒸汽的压力大小决定，由于传统湿法生产热磨机预热蒸煮缸小，为了提高纤维分离效率多采用 0.8 ~ 1.2MPa 的高压（高温）进行软化处理。目前，干法生产普遍采用高度为 4 ~ 6m 的加长立式预热蒸煮缸，使用 0.4 ~ 1.0MPa 的饱和蒸汽进行软化处理，软化处理时间由 γ 射线料位计的控制高度确定，由高温高压的 1 ~ 2min 延长到低温低压的 4 ~ 6min。采用低温低压软化处理技术，有效地减少了低分子有机物的生成量，使纤维得率提高，并提高了纤维分离质量，纤维分离效率通过加大磨盘直径和提高磨盘转速得以保证。为了提高纤维得率、减少低分子有机物的生成，还可以采用多管蒸煮设备。

(3) 磨室

热磨机磨室如图 3-9 所示，有两个磨盘，一个是转动磨盘，另一个是固定磨盘。两种磨盘的齿纹虽略有差异，但都有进料区和纤维分离区。纤维分离区又细分为预磨区和主磨区。主磨区齿面平滑，可使磨盘间隙调整到0.1～0.2mm。预磨区有一定锥度，以利于木片在进入主磨区之前进行预磨。主轴端头装有甩料器。

软化后的木片被螺旋运输机送进磨室后，在甩料器和磨盘进料区的作用下，很快进入纤维分离区。木片在磨齿中间受多次磨搓，并沿着螺旋线轨迹向磨盘边缘移动，离开主磨区时被分离成纤维。

磨齿形状对纤维分离质量影响很大，不同原料应选择不同齿形。用于粗磨的磨片，应采用窄齿，以便木片和粗料尽快磨碎。精磨的磨片，为获得较大的碾磨面积，应该是宽齿，浅槽。浅槽能使盘间的全部纤维原料在槽内和齿面有充分的交换机会，齿面上可保持足够的纤维原料，提高纤维分离效果。为了增加纤维分离时间，槽内设有阻板，如图3-10所示。设置阻板还可增加纤维分离面积，提高纤维分离效果。

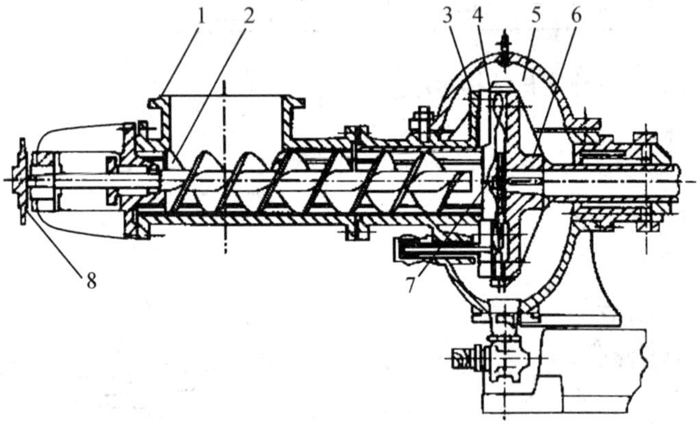

图3-9 热磨机磨室

1. 垂直预热缸 2. 螺旋运输器 3. 固定磨盘 4. 磨片 5. 磨室 6. 转动磨盘 7. 甩料器 8. 链轮

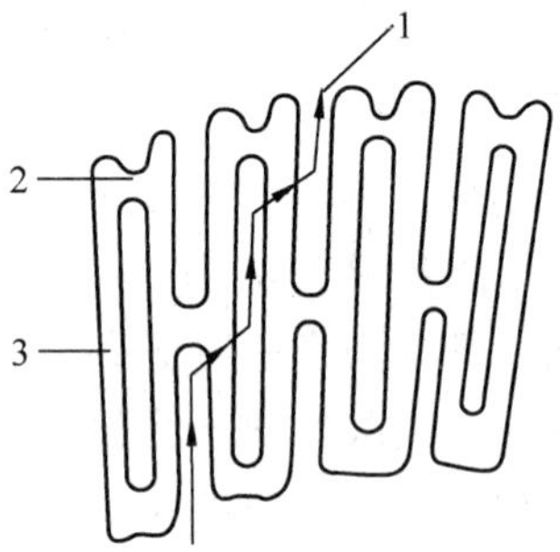

图3-10 磨 片

1. 纤维原料运行路线 2. 阻板 3. 磨齿

此外，磨盘的转动方向对纤维分离时间和设备效率也有影响。如图3-11所示，磨盘转动方向与磨齿倾斜方向相同时，磨齿对纤维有“拉入”作用，能够延长纤维分离时间；磨盘转动方向与磨齿倾斜方向相反时，磨齿对纤维有“泵出”作用，能够提高设备生产率。

图3-11 “拉入”作用与“泵出”作用

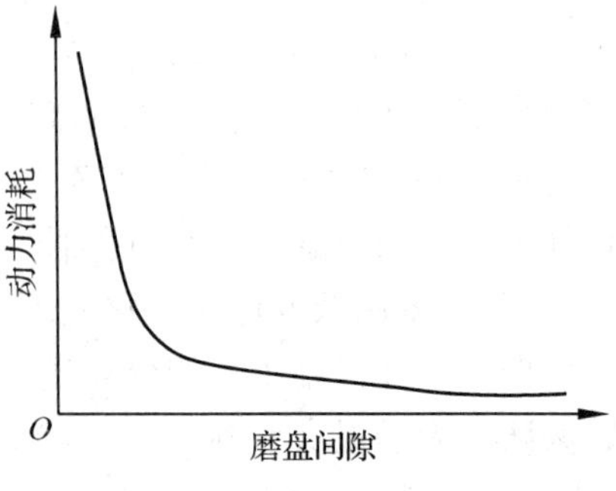

图3-12 动力消耗与磨盘间隙的关系

磨盘间隙通过微调装置进行调整。磨盘间隙与纤维分离程度有关，湿法生产纤维分离时粗磨的磨盘间隙要比精磨大些。一般磨盘间隙应是纤维束直径的3～4倍。间隙过大，纤维太粗；间隙过小，虽然纤维较细，但纤维浆料的滤水性能较差，而且磨盘可能相互接触摩擦，使纤维损伤严重、动力消耗剧增、动力消耗与磨盘间隙之间的关系如图3-12所示。

纤维分离过程中还必须保证磨盘对木片或纤维有足够的压力，即磨浆压力。热磨机的磨浆压力由液压系统控制。

3.3.2 排料装置

为了适应热磨机连续生产的需要，排料装置应能使磨室里的纤维定量均匀地排出，并能使磨室内的蒸汽压力相对稳定。适于高温高压条件下工作的排料装置有往复式、回转式和直接排放式，早期湿法生产的热磨机多采用往复式弯管排料装置，或称S形管排料装置。S形管排料装置由S形管和伸入管内的两个阀体及其传动机构组成。

排料装置工作时，进口排料阀和出口排料阀是交替启闭的。进口阀打开时，出口阀处于关闭状态，此时S形管里充满纤维和蒸汽。出口阀打开时，进口阀被关闭，此时S形管中的纤维和蒸汽在管内外压力差的作用下被送进减压稀释器。

阀门的启闭次数和开启程度都影响纤维分离质量，它们应与热磨机生产率相适应。阀门启闭次数过多，每次排出的汽多料少，蒸汽消耗量大；阀门开启程度过大，纤维排出量虽多，但纤维较粗；阀门启闭次数过少或开启程度过小，则容易堵塞磨室和S形管，增加主机负荷。经验表明，增加阀门开启次数与缩小阀门开启程度相互配合，效果较好。

目前生产上使用的热磨机其排料装置普遍采用直接喷放的直排式，喷放口的开启大小可调，纤维和蒸汽混合体靠磨室内高压作用直接喷射至干燥机管道中。干法生产时在纤维排放管上开孔，由施胶泵将胶液由纤维排放管上的喷胶孔注入，与纤维混合而进行管道施胶。通常喷胶孔为三个，喷胶孔沿管壁四周呈120°分布，以保证施胶均匀。

为了补充由于排料而损耗的蒸汽，并避免补充蒸汽通过纤维分离区，从而控制纤维分离时间和减少纤维分离区的纤维波动，即为了稳定纤维分离区的气压，在磨室的固定磨盘后面(纤维分离区外)与垂直预热缸顶部连接有一个蒸汽平衡管。因为纤维质量与纤维分离时间有关，所以蒸汽平衡管在某种程度上起着控制纤维质量的作用。

热磨法纤维分离原埋是瑞典人阿斯普隆特于1931年提出来的，1934年用于纤维板生产。热磨机械法是瑞典在热磨法基础上改进形成的一种纤维分离方法，于1972年开始用于工业生产。

热磨机械法纤维分离与一般热磨法纤维分离不同，前者为在低温（130℃以下）、低压(0.3MPa以下）条件下进行纤维分离，后者为在高温（160～180℃）、高压（1.0～1.2MPa）条件下进行纤维分离。采用高温高压的热磨法分离纤维时，木素几乎全部融化，木材结构于胞间层发生破裂，纤维被分离。与此同时，分离后的纤维立即被融化的木素所覆盖，随着温度下降，木素变硬，纤维表面形成玻璃化现象，有碍于纤维进一步细化分离。据认为，这是精磨效果不显著、短纤维多和纤维色泽深暗的原因所在。相反，采用低温低压分离纤维时，木片预热蒸煮和热磨温度略低于木素软化点（110 ~ 130℃），纤维分离主要发生在次生壁的外、中层之间，次生壁表面破裂，因而有利于纤维进一步细化，尽管纤维中大部分木素处于玻璃化状态。

热磨机械法纤维分离工艺的主要特点是纤维得率高、纤维长、纤维质量均匀和污染少。近年来，随着湿法生产日益减少而干法生产迅速增加，为了减少因高温软化处理产生的低分子有机物数量、提高纤维分离效率和质量，利用热磨机械法纤维分离原理改进了传统热磨法的高温高压工艺，加长垂直预热缸、延长蒸煮时间、降低软化处理蒸汽压力，从而使植物纤维原料的热降解和水解程度降低，提高了纤维得率，同时采用加大磨盘直径和提高磨盘转速等措施提高了纤维分离效率。

3.3.3 高速磨浆机

高速磨浆机又称双盘磨，主要由进料装置、磨浆室和调整装置三大部分组成，如图 3-13 所示。磨浆室有两个磨盘，分别由两台电动机带动，互呈相反方向旋转。木片经软化后(也可不经软化处理)，由进料装置定量均匀地送进磨浆室进行纤维分离。

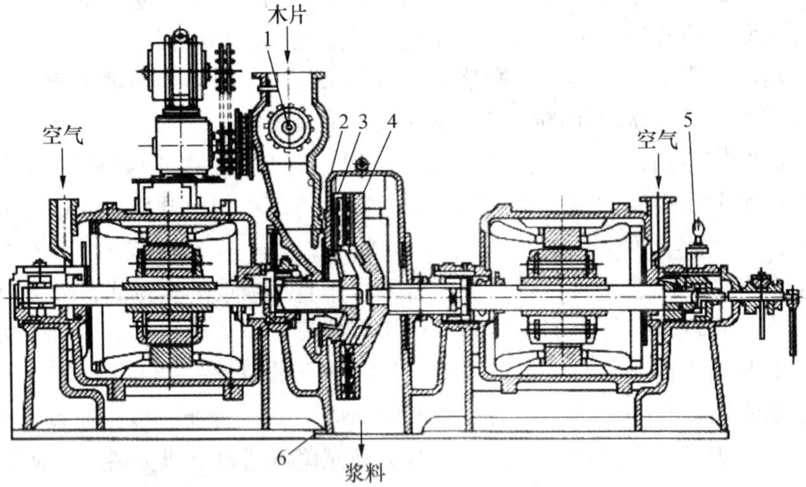

图 3-13 高速磨浆机的结构

1. 进料装置 2. 磨浆室 3、4. 磨盘 5. 调整装置 6. 机座

高速磨浆机纤维分离的特点为：两个磨盘以相反方向等速旋转，原料在离心力作用下，按螺旋线轨迹从磨盘中心向边缘移动，原料在磨盘间所经路线长达 25 ~ 30m。此外，因两磨盘互为反转，磨齿对原料的作用频率很高，为降低磨浆压力提供了条件。

高速磨浆机分离的纤维浆料比较均匀，纤维分离度较高，损伤的纤维少。这有利于利用阔叶材或短纤维原料生产高质量纤维板。

高速磨浆机纤维分离法对原料的适应性较大。无论针叶材、阔叶材，还是采伐、造材剩余物或加工剩余物，甚至是提取单宁和松香后的废料、纸浆筛渣、锯屑、刨花等，都可用高速磨浆机制浆。

高速磨浆机纤维分离法在生产上有较大的灵活性。选择不同的预处理方法、温度、时间，更换齿形、调整磨盘间隙和压力，就可用各种原料制出符合制品要求的浆料。

高速磨浆机在常压下工作，故结构比热磨机简单，操作可靠，维修方便。

高速磨浆机的磨浆温度比热磨机低，纤维得率高，浆料纤维颜色浅淡，但因原料未充分软化，耗电量较大。

本章小结

纤维分离是纤维板制造的关键环节。纤维分离质量在很大程度上决定了纤维板产品性能和原料利用率。目前纤维板生产中常用的纤维分离方法为热磨法，热磨法纤维分离所用设备是热磨机，其由进料机构、预热蒸煮缸、磨室和排料装置等部分构成，此外还配备液压油泵、高压冷却水泵和润滑油泵等辅助设备。它的工作原理是将植物纤维原料在预热蒸煮缸内进行软化后送入热磨机磨室，在磨盘磨齿的摩擦、挤压、揉搓等作用下，将植物原料分离成单体纤维和纤维束。原料的弹塑性和外力作用频率是纤维分离过程中的两个主要因素，而原料种类、树皮含量、木片含水率、木片预热处理温度与时间、纤维分离时的单位压力、纤维浓度等为影响纤维质量的主要因素。在纤维板生产中，根据原料特性要采用适宜的蒸煮工艺及热磨工艺参数。

思考题

1. 纤维板生产的纤维分离方法有哪些？简要说明每种纤维分离方法。
2. 影响纤维分离的主要因素有哪些？简述每种因素的作用。
3. 水和热对原料的加压蒸煮软化起何作用？
4. 影响热磨法纤维质量的主要因素有哪些？简述每种因素对纤维质量的影响。
5. 在纤维板生产中，通常纤维质量以什么指标来表示？该指标与纤维质量有何关系？
6. 热磨机主要由哪些部分组成？简述每个部分的作用。
7. 简述高速磨浆机的特点。

第 4 章

纤维施胶与干燥

纤维施胶、干燥及分选是纤维板生产的重要工艺环节。纤维施胶是为了提高产品的强度和耐水性，而在纤维中加入少量胶黏剂和防水剂，有时为了赋予产品耐火性和防腐性能，可以同时在纤维中加入阻燃剂和防腐剂等化学药品。纤维干燥是将热压前的纤维含水率控制在较低的范围内，因为经过纤维分离、施胶的纤维含水率一般都在45% ~60%，因此需要将湿纤维进行干燥。而纤维分选是为了提高纤维的质量和纤维板产品表面质量，将热磨后不均匀的纤维进行分选。本章介绍了纤维施胶工艺、纤维干燥工艺、纤维分选以及纤维施胶与干燥设备。

4.1 纤维施胶工艺

干法纤维板生产时，如果纤维含水率、热压温度和压力控制适当，板内纤维由于木素等物质的存在能够形成一种天然胶合，但在实际生产中，为了提高产品的强度和耐水性，通常都加入少量胶黏剂和防水剂；为了赋予产品以耐火性和防腐性能，可同时在纤维中加入阻燃剂和防腐剂等化学药剂。对纤维施加以上化学药剂的过程，通常称为纤维施胶。

干法生产纤维板，板坯呈显干状，热压前的纤维含水率需要控制在较低的范围内。经过纤维分离、施胶的纤维含水率一般都在 45% ~60%，因此需要将湿纤维进行干燥。

4.1.1 纤维板用胶黏剂

(1) 纤维板用胶种类

用于纤维结合的胶黏剂，主要种类有酚醛类树脂、三聚氰胺树脂、醇酸树脂、聚乙烯醇树脂以及改性脲醛树脂等。这些胶黏剂可以单独使用，也可以混合使用。在选择胶种时，主要根据树脂的胶合性能、固化温度、制品的性能要求、使用范围以及成本等综合考虑。目前国内干法纤维板生产中主要采用脲醛树脂和水溶性酚醛树脂作为胶黏剂。

我国目前采用的水溶性酚醛树脂和脲醛树脂有：

①2122 型水溶性酚醛树脂。其树脂制备配方及主要性能如下：

苯酚	300kg
甲醛	387kg
碱	106kg
水	110kg

树脂含量　45%～50%
游离酚含量　≤2.5%
可被嗅化物　≤12%
含碱量　≤5%
黏度(20℃)　100～180mPa·s
外观　黏稠状桃红色，具有酚臭味
固化时间　见表4-1

表4-1　2122型酚醛树脂的固化时间

固化温度(℃)	100	150	200	250	300
固化时间(s)	58	46	36	29	23

②731型水溶性树脂。731型水溶性树脂是以双酚-A的蒸苯下脚料作原料制成的水溶性合成树脂。此树脂的特点是成本比较低。其树脂制备配方如下：

双酚下脚料(脱苯后)　300kg
烧碱　200kg
甲醛　250kg
水　150kg
石灰(用少量热水化成液体)　500g

树脂主要性能如下：

树脂含量　45%左右
含碱量　≤5%
固化时间(试样1g置于150℃铁板上，固化数秒)　110～150s
树脂黏度(20℃)　100～150mPa·s
树脂水中稀释比(1份树脂加3份水，稀释放置24h无沉淀)　1∶3
外观　黏稠状深褐色

③NSQ－82型脲醛树脂。NSQ－82型脲醛树脂制备工艺为甲醛与尿素的摩尔比在1.2左右，尿素分批加入，反应温度控制在75～95℃，反应液的pH值为碱—酸—碱工艺，树脂的终点控制是当反应液的黏度达到终点时停止反应。树脂的生产周期为3.5～4.0h，其性能指标如下：

树脂固含量　(50±1)%
pH值　7.0～7.5
黏度　(25±0.5)×10^2Pa·s
相对密度　1.20±0.05
游离醛含量　<0.3%
固化时间(100℃)　90～120s
活性期(25℃)　>24h

另一类也是以尿素、甲醛、三聚氰胺、硫酸铵等为原料，在低温(60～70℃)下调制而成的。它与一般脲醛树脂不同之处是各种化合物在调制过程中，不产生聚合反应，而是施胶纤维在热压过程中一次聚合而成。胶液中三聚氰胺的存在，不仅使胶液具有较好的渗透性、较低的热塑性、广泛的原料适应性，同时使板制品有良好的稳定性和坚硬性。

若板制品作室内防潮或室外用材，可选用耐水性能较好的三聚氰胺树脂。

(2)纤维板用胶黏剂的技术要求

用于纤维的胶黏剂，首先应与纤维有良好的结合性能，它不同于单板刨花用胶，这主要是纤维比表面积大，为使板制品有足够的强度，胶液必须充分覆盖纤维表面。因此，纤维板用胶黏剂的主要技术要求是：

①树脂属热固性的水溶性树脂；

②树脂可用水稀释至固体树脂含量为10% ~15%；

③尽量减少作为触媒的氢氧化钠的用量，树脂含碱量不宜大于5%；

④树脂黏度不宜太高，并能保证施胶后纤维上的树脂在高温气流干燥和热压时有良好的流动性；

⑤树脂应具备一定固化速度，如在温度170℃或更高时，固化时间不超过1min；

⑥树脂的酸碱性可随纤维的酸度加以调整，因为热压时，pH值对树脂的固化速度具有较大的影响；

⑦对于采用先施胶后干燥工艺的胶黏剂，在纤维干燥时，胶液不会产生提前固化；

⑧胶黏剂与其他添加剂如防水剂、阻燃剂、防腐剂等有较好的混溶性。

4.1.2 纤维施胶工艺

纤维施胶是对分离后的纤维添加各种化学药剂，如胶黏剂、防水剂，目的是确保纤维的结合，提高纤维板的物理力学性能和耐水性。为了赋予板制品以耐火和防腐性能，可同时在纤维中加入阻燃剂和防腐剂等。对纤维施加以上化学药剂的过程，通常称为纤维施胶。

干法工艺与湿法工艺的纤维施胶有较大的差别。湿法生产过程中，纤维的施胶主要是指防水剂、少量增强剂以及沉淀剂等物品施加到纤维浆料中，以提高纤维板的耐水性和强度性能。

干法工艺制造纤维板尤其是中密度纤维板(MDF)时，由于纤维含水率低、可塑性差，加之板坯密度低，纤维之间空隙大，板坯中纤维之间仅靠一定的温度和压力使纤维相互结合，要求达到板制品的各项性能指标是困难的。因此，在高、中密度纤维板制造过程中. 必须通过施加不同种类、不同剂量胶黏剂和其他添加剂，以达到板制品性能的要求。

4.1.2.1 防水处理

木材和非木材植物纤维是一种亲水性材料，由其制成的纤维板，一般具有很强的吸湿和吸水性能，制品的尺寸稳定性较差，板吸收水分后，尺寸和形状发生变化，强度下降、传热和导电性能增加且易腐蚀，从而影响产品的使用性能和寿命。为此，在纤维板生产过程中必须对纤维进行防水处理，以满足各方面性能的需要。

(1)吸湿、吸水机理

同木材一样，纤维板中的水分是通过内部空隙传递的。板的内部空隙有三种：细胞壁内的微毛细管、细胞腔和纤维之间的空隙。中密度纤维板内的总空隙可以粗略地估算出来，一般木材纤维的密度为 $1.5g/cm^3$，那么密度为 $0.7g/cm^3$ 的中密度纤维板的内部空隙率为

$$\left(1-\frac{0.7}{1.5}\right)\times 100\% \approx 53\%$$

纤维板在潮湿的空气中吸湿时，空气中的水分子经过纤维之间的空隙、纹孔和细胞壁内的微毛细管进入，使纤维细胞壁充满水分。如果将干状的板直接放在水里，则液态水首先将充满细胞腔和纤维之间的空隙，而后逐渐进入细胞壁内。

①吸湿机理：纤维板从空气中吸收水分称为“吸湿”，其主要机理是纤维表面的吸附作用和微毛细管的凝结作用。

纤维表面的吸附作用主要起源于分离后的纤维或纤维束具有巨大的自由表面，纤维表面存在大量的游离羟基并带有负电性，因而可以吸附空气中水蒸气。如 $1m^3$ 的针叶树材有60万~80万根纤维，阔叶树材有200万根纤维，每克纤维素具有 5×10^4 ~ 5×10^6 cm^2 的自由表面积。因此，纤维表面通过吸附作用吸收水分是影响纤维板尺寸变化和变形的主要因素。

纤维表面带负电性，对极性水分子具有吸引力，从而增加了纤维表面的吸附效果。据测定，纤维表面的负电性可使其表面形成5%~6%的吸附水。

除因表面吸附作用从空气中吸收水分外，纤维细胞壁中半径小于 5×10^{-7}cm 的微毛细管也能从空气中凝结水蒸气，这就是微毛细管的凝结作用。纤维细胞壁上纤维素无定型区被吸附水饱和之后，半径小于 5×10^{-7}cm 的微毛细管便开始从空气中凝结水蒸气，继续吸附水分。随微毛细管孔的半径减小，周围水蒸气压力越高，则凝结作用吸附水量越大。

通常将表面吸附水和微毛细管凝结水统称为吸湿水。中密度纤维板的吸湿水量与温度和空气的相对湿度有关，温度越高、空气相对湿度越低，则吸湿水量就越少。

②吸水机理：纤维板直接从水中吸收水分称为“吸水”，其主要机理是毛细管作用和渗透作用。

分离后每根中空的纤维都能产生毛细管作用，同时在板中拥有大量半径大于 5×10^{-7}cm 的毛细管。由毛细管作用吸入的水分量虽大，但不引起板的体积膨胀，不过吸入水量大时，会增加板的含水率，易使制品霉变和腐朽。

纤维板浸入水中后，还会出现渗透作用。细胞壁上的纹孔膜相当于半透膜，原料中的一些水溶性物质能形成细胞壁内外的浓度差，这个浓度差所形成的渗透压力，是纤维发生渗透作用而吸水的原因。

(2)防水措施

根据吸湿、吸水机理，纤维板中的水分可分为表面吸附水、微毛细管凝结水、毛细管水和渗透水，其中表面吸附水是引起成品板尺寸变化和变形的主要因素。因此，要从根本上解决吸水变形问题，关键在于减少表面吸附水，即降低纤维表面的吸附作用。为

此，必须减少存在于纤维表面和纤维素无定型区的游离羟基的数量和降低纤维表面的负电荷。

目前生产中采用的主要防水措施有持久性措施和暂时性措施两大类，具体方法包括施加防水剂、施加合成树脂类胶黏剂、热处理、浸油、做贴面等加工处理。

持久性防水措施：凡能降低纤维表面游离羟基数量或降低纤维表面负电荷的防水措施，均可使纤维板获得持久的防水性能。

暂时性防水措施：只是施加的防水物质堵塞了毛细管，截断了水分传递渠道，减少了水与纤维的接触面(增大接触角)并覆盖了纤维表面的电荷与游离羟基，使纤维板可以获得一定的防水效果。但随时间的延长，防水物质可能脱落、流失，则纤维板又失去了防水性能。目前在生产中多采用这种方法。

具体防水措施主要如下：

①施加防水剂：是纤维板生产中应用最主要、最方便、最廉价的一种防水措施。其实质是在纤维上施加如石蜡等憎水性的物质。当纤维表面吸附憎水物质颗粒后，可产生以下作用：部分堵塞纤维之间的空隙，截断了水分传递的渠道；增大水与纤维之间的接触角，缩小了接触面积；部分遮盖纤维表面的极性官能团(如羟基)，降低了吸附作用。但由于憎水物质与纤维的附着力弱，一般为物理吸附，经不起大气变化的考验，日久终要脱落，因此，施加防水剂属于暂时性防水措施。另外，憎水物质从胶体化学观点看来均为油类，因此憎水物质量大，会阻碍纤维之间的结合，降低纤维板强度。

②施加合成树脂胶黏剂：这种方法与施加防水剂不同，是将合成树脂胶黏剂分散在纤维表面上。热压时树脂官能团(如羟甲基、羟基)与纤维表面上的游离羟基形成化学键和氢键，降低了纤维表面的吸附能力。因此，施加合成树脂胶黏剂属于永久性防水措施。同时，该方法可以使部分纤维之间的空隙受堵，水分传递渠道被截，因而降低了微毛细管凝结水、毛细水和渗透水。

③热处理：纤维板的热处理是提高板耐水性的措施之一。即纤维板在高温无压的条件下经过较长时间的处理，使纤维素无定型区和纤维表面上的部分游离羟基形成氢键结合，从而提高板的防水性。这种防水措施属于永久性防水措施。

④浸油及贴面处理：油是憎水性的物质，能形成耐水薄膜，覆盖表面和堵塞毛细管。因为干性油具有不饱和键和极性官能团，故能与纤维产生强的结合键与吸引力，且形成的薄膜具有一定的强度，所以产品浸油的结果是增加了产品的耐水性和提高了强度。表面喷涂防水涂料或覆贴塑料薄膜、金属薄膜，不但可使产品美观，并且能防止水分从表面渗入板内。该法属于暂时性防水措施。

上述防水措施中，施加防水剂、施加合成树脂类胶黏剂等为纤维处理，而板的热处理、浸油、贴面等则属于板的后期处理。

(3)防水剂的施加

防水剂的种类很多，有石蜡、松香、沥青、合成树脂、干性油、硅树脂和亚油酸等。由于石蜡防水性能好、来源丰富、价格低廉，所以是目前国内外使用最为广泛的防水剂。

①施加方法：施加防水剂要求石蜡能够均匀地分散在纤维上，可在纤维分离与干燥

工序之间任何一处加入；有时为了提高产品质量，也可在板坯表面喷涂一层树脂，或者在分级后的纤维输送过程中将树脂加入细纤维内。

干法纤维板施加防水剂的方法很多，常用的大致有如下两种：

一种是将固体石蜡先熔化成液状，直接加入热磨机或精磨机，使石蜡在制浆过程中利用高速旋转的磨盘被分散成极微小的液滴，与分离的纤维均匀混合并附着在纤维表面上，称为直接施蜡法，如图 4-1 所示。这种方法不会增加纤维的含水率，能提高干燥效率，所以应用比较广泛。其缺点是通过高温干燥时，石蜡的低沸点组分会挥发，并被废气带走。

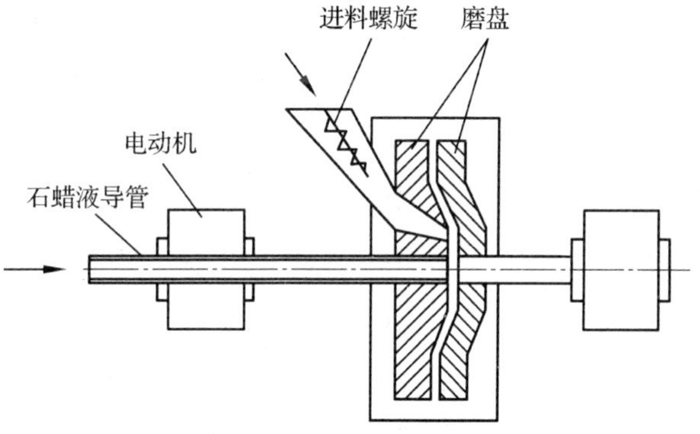

图 4-1　液状石蜡施加方式

另一种是将石蜡制成能够溶于水的乳液。在纤维进入干燥机前，将纤维先送入一个施胶箱内用打散辊将其打散，使其呈悬浮状态，然后用计量泵将石蜡乳液通过设在箱体两侧的喷头进行雾化，喷到纤维表面上，该法称为乳液施蜡法。此法的缺点是乳化液提高了纤维含水率，增加了纤维干燥时的热量消耗，延长了干燥时间。

乳液施蜡法是湿法纤维板生产采用的主要施加方式，为直接加入浆料中（见图 4-2）。

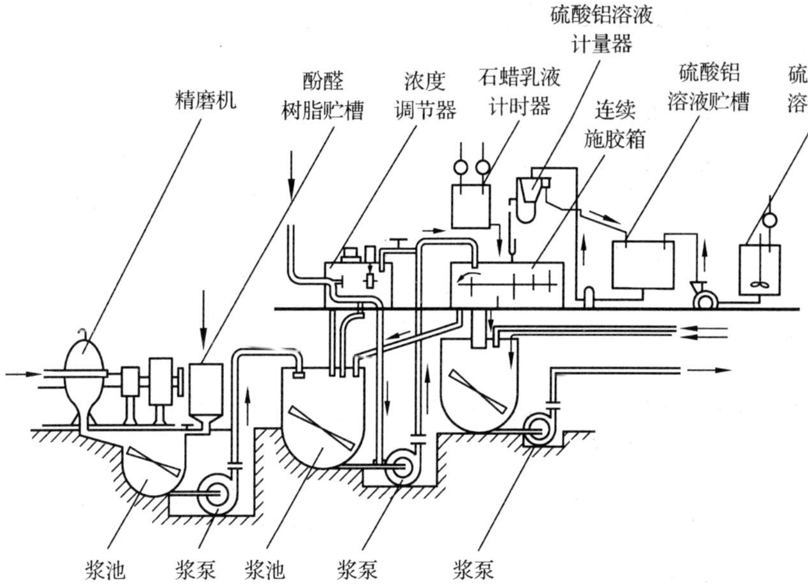

图 4-2　石蜡乳液连续施加工艺流程图

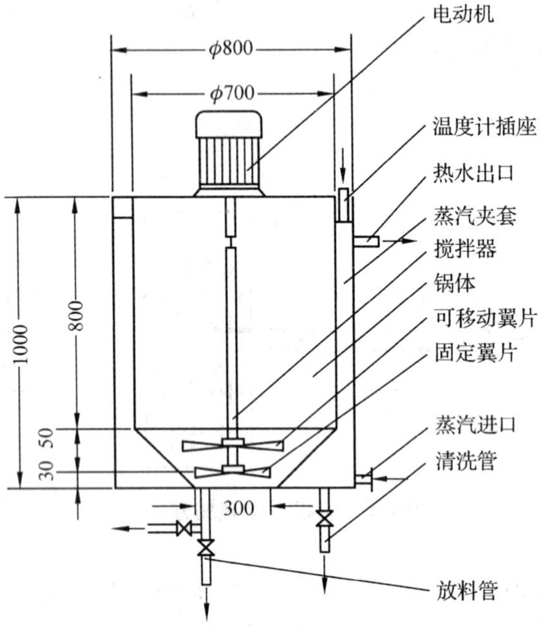

图 4-3　石蜡乳化锅的结构(单位：mm)

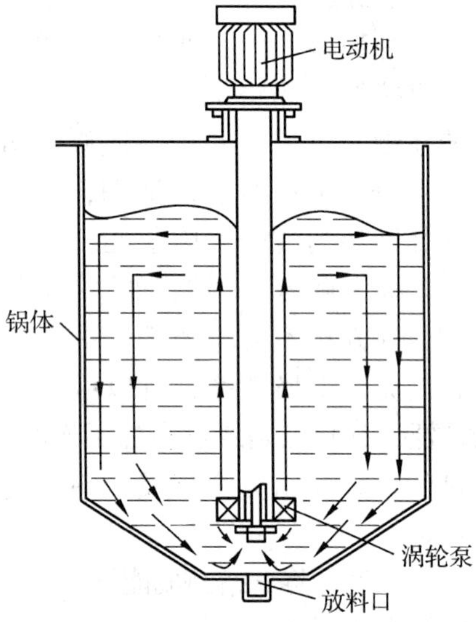

图 4-4　喷射式乳化锅的结构

表 4-2　油酸铵石蜡乳液配方

原料	石　蜡	油　酸	氨　水	乳化水	稀释水
配比(%)	100	13 ~ 18	11 ~ 15	55	按制备浓度而定
用量(kg)	45	6 ~ 8	5 ~ 7	25	

注：油酸的酸值为 150 ~ 180，氨水浓度(质量分数)为 25%。

常用石蜡乳液制备的乳化锅和喷射式乳化锅的结构如图 4-3、图 4-4 所示。以油酸铵为乳化剂的石蜡乳液配方见表 4-2。

②施加量：石蜡施加量一般为 1.0% ~ 1.5%(按固体石蜡相对绝干纤维质量计)。当施加量在 1.5% 以下时，防水效果随石蜡用量的增加而提高；当超过 1.5% 以后，防水效果提高不显著，用量大不仅增加成本，而且会影响纤维结合性能。

4.1.2.2　施胶方式

在干法纤维板的生产中，施加胶黏剂有多种方式，不同施加方式有各自的特点，且有相应的适用范围或局限性。

第一种施胶方式是在纤维分离时于磨室体内施加(见图 4-5)，虽然能获得纤维与胶料的均匀混合，但由于磨室体内的高温和摩擦热，可能引起部分胶提前固化，所以一般仅限于酚醛树脂胶使用。

第二种施胶方式是将分离的湿纤维先干燥，然后在高速施胶机中，对干纤维施加胶黏剂(见图 4-6 、图 4-7)。

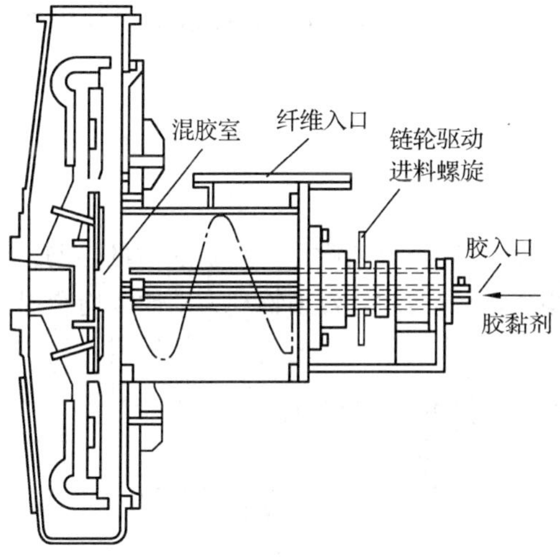

图 4-5　高速磨浆机中施胶方式

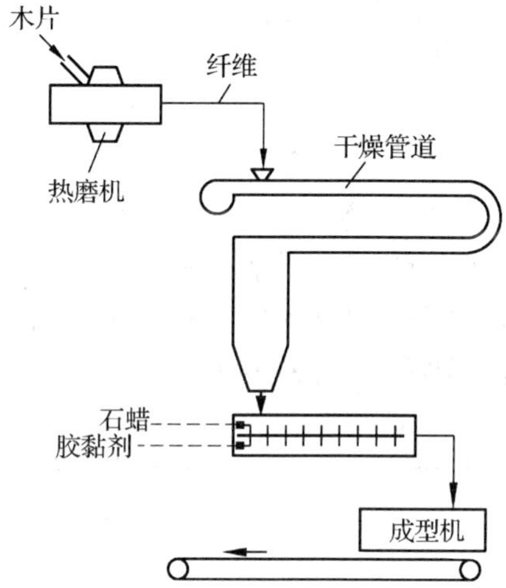

图 4-6　纤维先干燥后施胶工艺流程

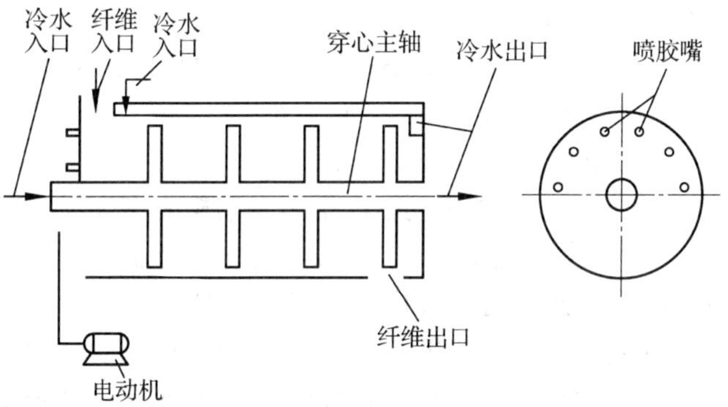

图 4-7　拌胶机结构

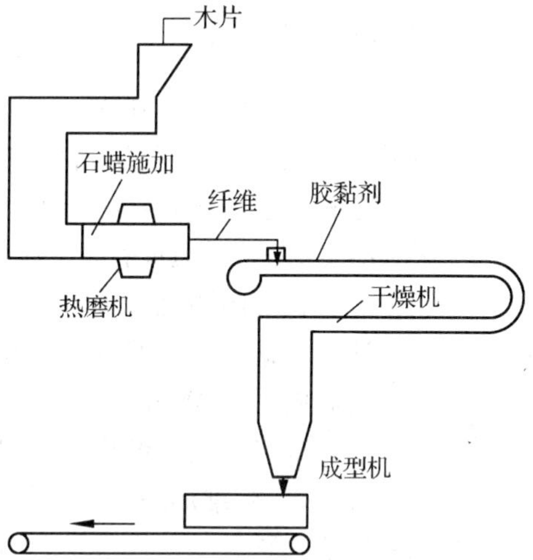

图 4-8　纤维先施胶后干燥工艺流程

第三种施胶方式是管道施胶。由于干纤维体积大、结构蓬松、易结团，若胶黏剂浓度低，虽黏度较小，但会使纤维含水率提高，特别是中密度纤维板用胶量较大，会增加热压工艺的难度；反之，胶液浓度提高，黏度增大，纤维易结团，胶液分布不匀，板坯铺装也有困难，板材的密度和厚度的均匀性会受到影响。于是出现了管道施胶方式，即胶黏剂由输胶泵送入热磨机的排料阀或气流管道(位于热磨机和干燥管道之间)中，纤维借助高压蒸汽高速喷出，呈较好的分散悬浮状态，从而使胶黏剂与纤维得到充分均匀的混合，施胶过程在管道中进行。此法采用的是湿纤维先施胶后干燥的工艺流程(见图 4-8)。

上述三种方式各有利弊。纤维干燥前施胶，可保证胶液分布均匀，板面不会出现胶斑、胶块。纤维干燥后施胶对含水率要求低，干燥工艺易掌握，省能源，也减少了干燥过程着火的可能性，还简化了工艺流程，省去了结构复杂的施胶机，所以是当前纤维施胶的主要方法；但此法也存在着少量胶黏剂提前固化、施胶量略高以及对个别树种效果较差等问题。

4.1.2.3　施胶工艺

(1)施胶量

施胶量应根据胶黏剂种类、原料品种与质量、纤维分离质量、板材的质量要求、板材的密度及用途等来确定。通常情况下，板材随施胶量增加，各项物理力学性能均有提高或改善，但板材质量提高幅度到达一定范围后，会随施胶量的递增而减少，见表4-3。

表4-3　施胶量对中密度纤维板性能的影响

性能指标	施胶量			
	6%	8%	10%	12%
密度(g/cm^3)	0.73	0.74	0.73	0.74
MOR(MPa)	17.3	25.7	32.5	35.8
IB(MPa)	0.29	0.6	0.75	0.77
吸水厚度膨胀率(%)	20.3	9.3	8.1	7.1

由表4-3可见，强度提高，耐水性改善，但并非随施胶量增大呈线性正比地提高。在6%~8%时，产品物理力学性能提高显著，而施加量由10%增至12%时，则性能指标变化较小，这是因为施胶量增至一定程度后，胶量的增加只能使胶层厚度增加，对纤维之间的胶合影响不大，故产品质量的提高幅度较小。一般中密度纤维板的施胶量为8%~12%(按固体树脂相对绝干纤维质量而言)、硬质纤维板的纤维施胶量以3%~5%为宜。

还应根据具体情况调整施胶量。图4-9所示为三种不同密度下多层结构中密度纤维板，其施胶量与MOR、IB的关系。由图中看出，密度提高，施胶量可相应降低。生产多层结构板时，表层纤维施胶量略高于芯层，比如通常表层为10%~12%，芯层可为8%~10%。纤维形态好、均匀，则施胶量可适当降低，图4-10所示为纤维形态及分别采用管道和拌胶机施胶等工艺方法时与施胶量之间的关系。由图可知，纤维细小，则施胶量增加；在同样纤维分离度下，管道法施胶量大于拌胶机施胶量。此外，制品的使用环境不同，除改变胶种外，也可通过调整施胶量来改善制品的性能。

(2)施胶工艺

采用管道法施加脲醛树脂，其质量分数一般控制在40%~45%，而采用高速拌胶机施加，胶液质量分数则为50%~55%。用管道法施加酚醛树脂，质量分数为15%~20%。采用先施胶后干燥工艺流程，考虑到少量胶液在干燥时的提前固化，所以施胶量较之纤维干燥后再施胶的用胶量高5%~10%。此外，固化剂用量在一定范围对板性能影响不大，常规用量为0.5%~1.0%(按固体树脂计)。

表芯层纤维可采用不同施胶方式，但是由于干法纤维板坯密度低、体积蓬松、传热阻力大，特别在压制厚板时，在板坯厚度方向存在着较大的温度梯度，如使用低温固化的胶黏剂(如脲醛树脂)，板坯表面与高温的热压板接触时间较长，表层胶液不仅会固化，而且可能呈显过固化，但芯层胶液却尚未完全固化，从而会影响产品的质量。针对

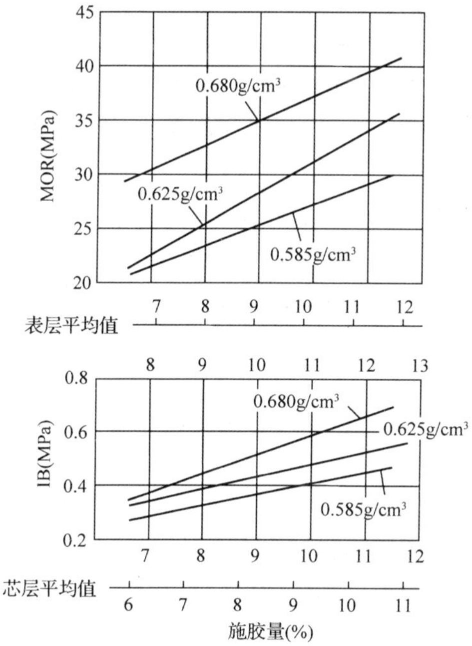

图 4-9　不同密度 MDF 的 MOR、IB 与施胶量的关系

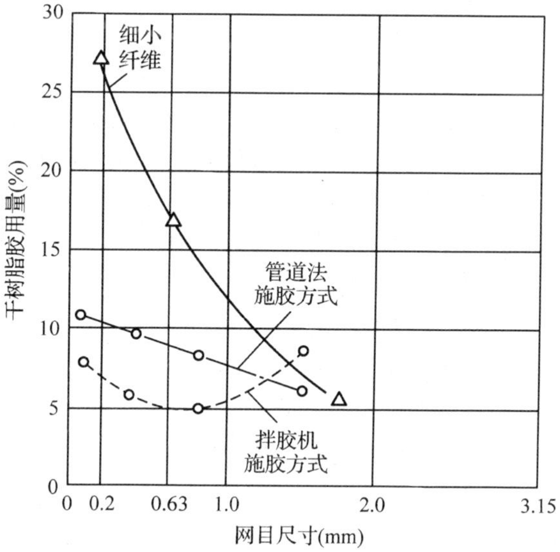

图 4-10　纤维形态、施胶方式与树脂用量的关系

上述矛盾，板坯表层纤维可采用高温固化的酚醛树脂胶，芯层使用低温固化的脲醛树脂胶，这样可以达到表芯层同时固化，充分发挥胶黏剂的作用，并可缩短热压周期。

4.2　纤维干燥工艺

干法生产纤维板，板坯呈显干状，热压前的纤维含水率需要控制在 6% ~8% 的范围或更低。经过分离、施胶的纤维含水率一般都在 45% ~60%，因此湿纤维必须进行干燥。由于木纤维具有热敏性，蓬松、呈颗粒状和易于分散，在干法生产中通常都采用气流干燥。

纤维气流干燥是应用固态流化原理进行连续式常压干燥的一种形式，是将湿纤维与加热后的干燥介质混合呈悬浮状态输送，在输送过程中使湿纤维中的水分气化，水分最后被干燥介质带走，从而达到干燥的目的。

4.2.1　纤维干燥工艺参数

纤维干燥的主要工艺参数包括干燥介质温度、气流速度、加料量和纤维颗粒度。各因子的变化，对干燥效果有很大影响。

(1) 干燥介质温度

干燥介质的温度取决于被干燥的纤维与介质的接触时间和初含水率。如果纤维的初含水率高，采用较高的温度，气流干燥可在较短的时间内完成，这样可以简化气流干燥设备，节省投资。如果产量固定，采用较高的温度可以减少干燥介质数量，节约运行的动力消耗。如果设备容量固定，采用较高的温度时可以适当提高产量。

在理论上，干燥纤维的介质温度最高可以达到400℃，但实际生产中由于纤维易粘挂在干燥器的内壁上，干燥介质的含氧量较难控制，温度过高时容易引起着火，所以通常采用的干燥介质温度为120～250℃。

干燥介质温度是保证干燥效果的重要因素，对同体积的干燥介质来说，温度越高，载热量越大。但是温度虽然很高，而干燥介质的数量少，总热量不足，仍然达不到干燥的目的，所以干燥时要同时考虑干燥介质的温度和总热量。实验测定纤维气流干燥蒸发1kg水分实际耗热量约为5000kJ。

（2）气流速度

纤维水分的气化系数与空气的相对速度有直接关系。在气流干燥器中气流速度越高，纤维表面气化层更新的速度越迅速，干燥速度就越快。

当气流向上运动时，气流速度与纤维沉降速度（悬浮速度）之差越大，纤维在干燥管内停留的时间就越短，即干燥时间越短。但在相同干燥时间内，气流速度高，干燥管道需相应增长，干燥器结构变大，投资增加。气流速度、干燥时间和干燥管长度三者的关系为

$$I = t(V - V_1) \tag{4-1}$$

式中：I——干燥管道长度（m）；

t——干燥时间（s）；

V——气流速度（m/s）；

V_1——纤维的沉降速度（m/s）。

气流速度最好接近于纤维的沉降速度，因为此时干燥介质与纤维的接触时间较长，在干燥势趋于零的极限内，时间越长越有利水分的扩散，干燥效率就越高。通常气流速度取为

$$V = (1.3 \sim 1.5)V_1 \tag{4-2}$$

根据实验测定，热磨纤维的滤水度为14～18s，施胶后含水率为50%～60%的纤维，其沉降速度为8.5m/s。所以气流速度通常取为11～13m/s。

（3）加料量

在保证干燥后纤维的含水率达到要求的前提下，加料量的大小对热效率和干燥器生产能力有很大影响。当进口温度和风速不变的情况下，增加进料量可使单位时间内总的受热面积增加，纤维中水分气化量增大，可降低干燥介质的出口温度，提高热效率，也可使干燥器的生产能力相应增加。

但当断面风速不变的情况下，增加进料量到一定程度，干燥系统阻力增至风机最大风压时，纤维即产生沉降。所以干燥过程中，干燥介质与湿纤维要有一定比例，通常干燥1kg绝干纤维需要15～20m^3的空气。

（4）纤维颗粒度

纤维颗粒度大小对干燥效果、设备容量和动力消耗有很大影响。

纤维颗粒增大，纤维与干燥介质的接触面积减少，使换热系数降低，干燥效果变差。

纤维颗粒增大，纤维的沉降速度增大，气流速度也相应增大。如果进口温度和风速一定，由于换热系数降低，干燥时间则增长，如果要达到预定的干燥效果，需要增加干燥管道长度，使设备增大；同时由于气流速度增加，干燥系统阻力增加，风机的动力消耗也随之增加。

纤维的颗粒度标志着纤维分离质量，因此要求纤维分离时在满足产品质量的前提下尽量减少纤维的颗粒度，增加其总表面积，以利于干燥。

4.2.2 纤维干燥方式

(1)一级气流干燥方式

预干燥的纤维通过干燥器一次即达到所要求的含水率，称为一级干燥，如图4-11所示。

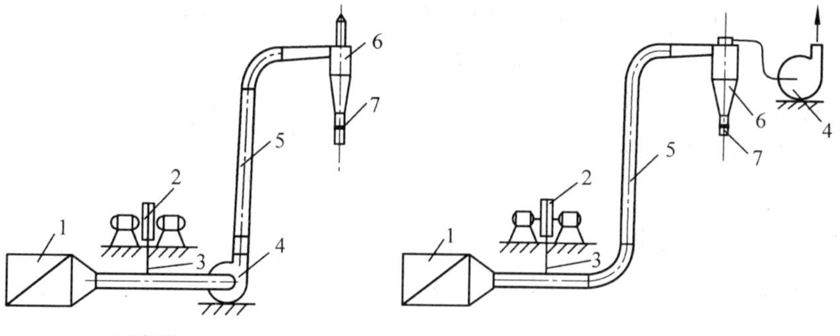

图4-11 一级立式气流干燥系统

1. 热源 2. 磨浆机 3. 湿纤维进口 4. 风机 5. 主干燥管 6. 旋风分离器 7. 星形阀

干燥介质温度通常为250～350℃，纤维通过干燥器一次即可达到所要求的含水率，且胶黏剂不发生固化。酚醛树脂在350℃时，大约8～10s内固化，所以，纤维在管道内停留时间不应超过5～7s。脲醛树脂在140℃时，大约5～10s内固化，所以，纤维在管道内停留时间不超过5～8s。

这种干燥方法干燥时间短、生产率高、设备简单、投资少、热损失小，但由于干燥介质温度高，着火的几率大，因此，在系统内特别要重视火警监测和设置防护装置。

(2)二级气流干燥方式

经一级干燥的纤维从旋风分离器出来，再进入第二套干燥器进行干燥而能达到规定的含水率，称为二级干燥，如图4-12所示。

旋风分离器干燥介质的温度一般在200℃以下，纤维干燥分两步进行。当湿纤维(含水率降到大约45%～60%)进入第一级干燥机时，借助热介质与纤维的温差使纤维中水分快速蒸发，含水率急剧下降，因此，第一级干燥机可以采用较高的进口温度(160～180℃)，到达干燥出口时温度降低到55～65℃。当第一级干燥结束时，纤维在干燥管道中停留了3～4s，含水率降到大约20%，然后进入二级干燥管道，此时管道内热介质温度较前级更低，但管道较长，纤维有较长的滞留时间，可保证纤维含水率达到

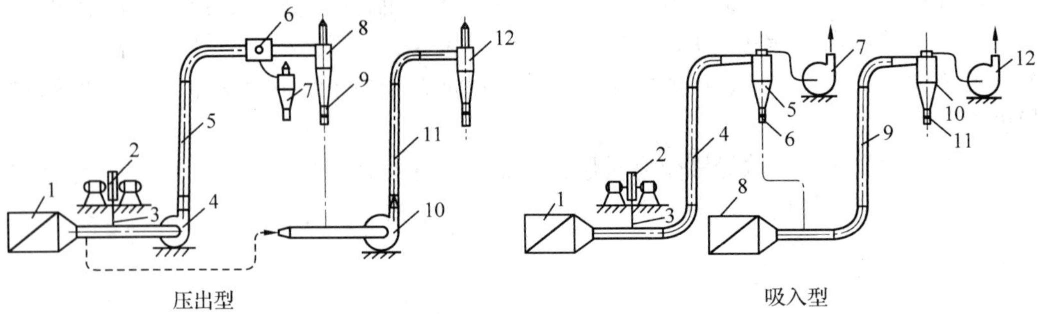

图 4-12 二级立式气流干燥系统

1. 热源 2. 磨浆机 3. 湿纤维进口 4. 一级干燥风机 5. 一级主干燥管 6. 分选器 7. 旋风分离器 8. 一级干燥出口旋风分离器 9. 星形阀 10. 二级干燥风机 11. 二级主干燥管 12. 二级干燥出口

要求，避免因过热而损伤纤维，并防止胶料提前固化，还可降低热耗。

采用二级干燥系统，由于介质温度低，干燥条件柔和，纤维质量好，减少了着火的几率；此外，在二级干燥系统中，可灵活控制和调整纤维的干燥程度，使纤维含水率均匀。但二级干燥系统明显比一级系统复杂，投资费用升高，占地面积较大，同时多一次废气排放。

为了进一步减少热能损失，可以采用节能型二级干燥系统(见图 4-13)。该系统由一级干燥和二级干燥组成，湿纤维采用第二级干燥排出的热废气进行一级预干燥，二级干燥则采用新鲜热空气。因此这种方法既减少了热能消耗，又使第二级干燥的介质温度较低(可在 140℃)，可以明显减少干燥系统内着火几率。

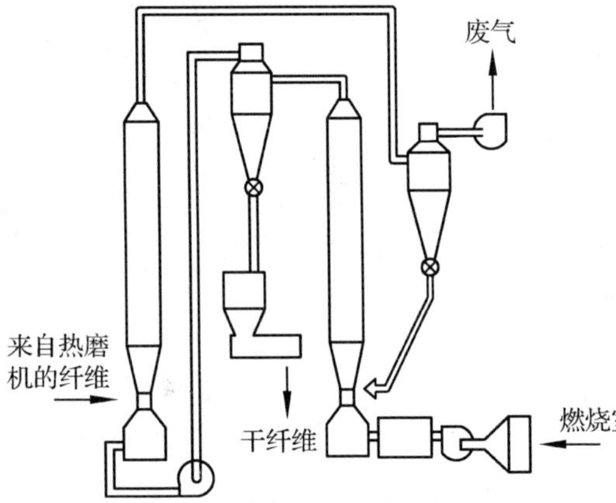

图 4-13 节能型二级干燥系统工艺流程示意图

不同的纤维干燥方式其能耗是不一样的，见表 4-4。

表 4-4 不同纤维干燥方式的能耗比较

指标	先施胶后干燥			先干燥后施胶		
	一级	二级		一级	二级	
		Ⅰ	Ⅱ		Ⅰ	Ⅱ
流量(kg/s)	3.3	3.3	3.3	3.0	3.0	3.0
入口纤维绝对含水率(%)	75	75	—	71	71	—
干燥机入口最高温度(℃)	160	160	120	210	210	140
出口纤维绝对含水率(%)	11	—	11	4	—	4
能量消耗(%)	95	85		100	85	
节能型二级干燥系统能量消耗(%)		72			77	

4.2.3　纤维干燥中的防火及防爆

纤维气流干燥存在着火的可能性。引起着火的主要因素有：干燥介质的温度、纤维在干燥器内粘挂和干燥介质的含氧量。

根据气流干燥的原理和特点，纤维呈悬浮状态与高温介质短时间接触并不会燃烧，悬浮状态纤维的着火点约为 400℃ 左右。但在实际生产中，低于上述温度就有着火的可能，因为纤维在干燥器的管道接头、弯头部分或正压操作时的风机叶轮和壳体上有局部粘挂现象，粘挂的纤维呈静止状态，其炭化点和燃烧点偏低，见表 4-5。

表 4-5　木纤维静止状态的炭化点和燃烧点

材　种	炭化点(℃)	燃烧点(℃)
针叶树材	216	256
阔叶树材	219	267

因此，当粘挂的纤维达到上述温度和处于一定含氧量条件下会产生炭化、燃烧而引起着火。

实际生产中如运行正常，即使干燥介质进口温度超过纤维静止状态的燃烧点一定范围，也不大容易引起着火。这是因为干燥介质与湿纤维混合的瞬间，介质温度立即降低 30 ~ 40℃，有时降低 70 ~ 80℃，温度降低的幅度随来料量和纤维含水率的大小而变化，干燥器内的实际温度并不很高。如干燥介质进口温度为 200℃ 时，当与湿纤维混合的瞬间立即降至 160 ~ 170℃，主干燥管段的中部温度只有 90 ~ 100℃，在此条件下不会引起干燥系统中粘挂纤维的燃烧。但当运行中临时停车一段时间后再重新起车的瞬间则容易着火，因为停车时停止供料，加热炉的高温气体进入干燥管内，管道内壁的温度骤然升高，粘挂的纤维在一定温度和含氧量超过一定范围时，即开始炭化和燃烧。

针对上述主要的着火因素采取相应的防护措施，着火几率是可以减少和消除的。

(1) 定点防护

在各危险点使用高敏防火探测器来进行控制。这种探测器一般装有对红外光源的敏感元件或其他光电敏感装置，其灵敏度比任何物料的运输、燃烧和爆炸速度都快，能在 0.002 ~ 0.003s 以内发出火警信号，并通过放大器推动执行机构控制灭火系统喷射灭火剂，以及自动切断风机电源、关闭阀门及其他一系列作业系统，不使火源蔓延。定点防护系统如图 4-14 所示。

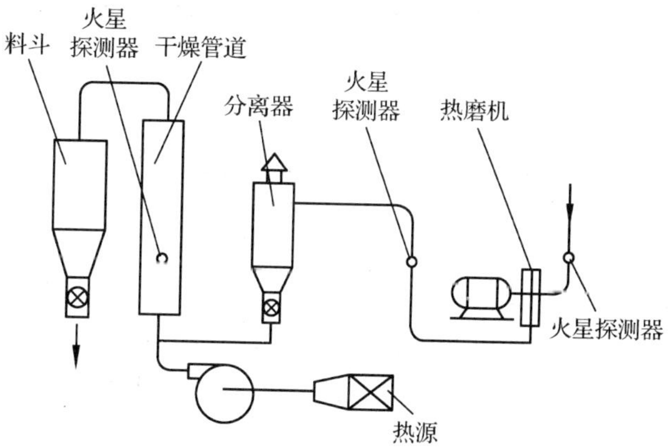

图 4-14　定点防护系统

(2) 干燥介质含氧量的控制

物料的燃烧是剧烈氧化造成的。当热空气中含氧量超过 17% 时，就给燃烧创造了条件。因此，只要使含氧量低于 17% 就不易着火，如降低到安全值 13.3 % 以下，则基本上不可能燃烧。实际的干燥介质中含氧量都达到18%～20%，可见干燥的混合物经常处于可燃状态。热气流的含氧量控制是很困难的，必须采用特殊措施。含氧量控制系统如图4-15所示。

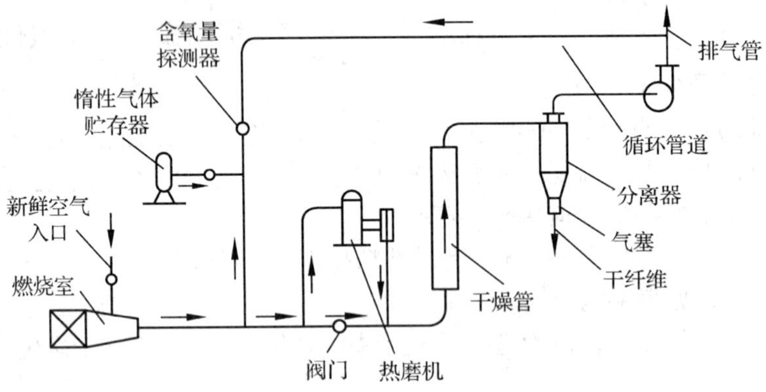

图4-15　含氧量控制系统

含氧量控制系统的工作原理为：首先将干燥系统这个危险区与纤维分离和成型系统隔离，使各部分的运输气流系统独立封闭循环，便于缩小含氧量的控制范围，使干燥系统建立低氧气流作业。其次在各循环系统中使用氧化锆（ZrO_2）探测仪来控制含氧量。当气流中的氧含量超过17%时，输出信号经过放大后控制惰性气体（N_2和CO_2）贮存器的阀门动作，放出惰性气体稀释循环气流中的氧含量到17%以下，然后自动关闭。这样，管道中即使偶然出现火花也不致引起纤维燃烧。

（3）防爆系统

在纤维干燥中，如果瞬间内能量高度集中，有可能引起爆炸。引起爆炸反应的因素很多，包括压力、物料含水率、物料粒度、引燃能量、温度及材料中的可燃限度等。图4-16所示为木粉爆炸的时间-压力曲线，图4-17所示为物料含水率对爆炸的影响曲线。

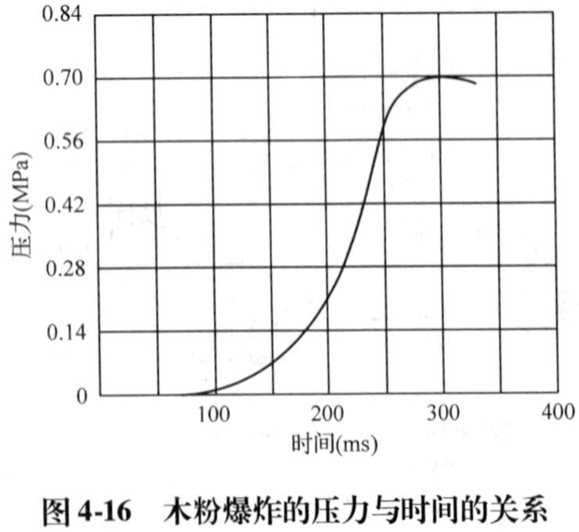

图4-16　木粉爆炸的压力与时间的关系

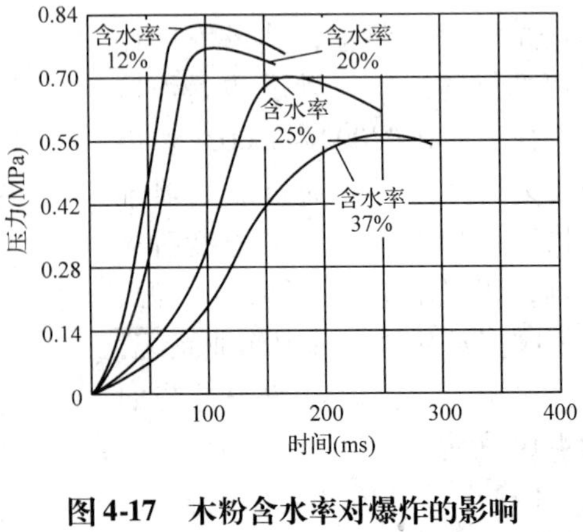

图4-17　木粉含水率对爆炸的影响

基本的防爆系统如图 4-18 所示，所装的敏感探测器与灭火器的动作相连。爆炸探测器可测出被保护容器内的任何光、压力及火源，并能在火焰临近探测器几十毫米前探测出来。抑制器是一个充满惰性介质的易碎容器，它的中心装有少量起爆炸药，能瞬时燃烧，从而给惰性介质以极高的速度，迅速压制扩展的火焰，使混合物由于化学隋性而不能继续燃烧。

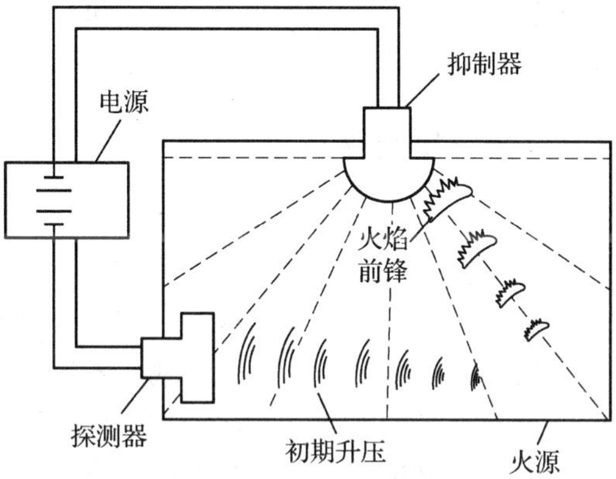

图 4-18　基本的防爆系统

在生产中为避免着火和爆炸事故的发生，应注意下列问题：

①使用煤气做热源时，在煤气炉点火前，一定要先启动干燥风机把炉内的残余煤气排走，否则点火时炉内残余煤气会发生爆炸而引起火灾。

②生产过程中因故临时停车时，首先要切断热源、停止供料，让干燥风机继续运行一段时间，送入冷风使干燥器降温。

③空气加热炉的进风口附近不宜堆放易燃物品，以免引入明火。在进风口处应设过滤装置，将进入加热炉的空气预先过滤。

④严防纤维中混入金属杂物。这些金属杂物与干燥器内的金属体剧烈摩擦，容易产生火星而引起火灾。

⑤着火纤维在气流中运行很容易爆炸，因此当发现纤维着火后应及时停车，进行清理，以免引起火灾发生爆炸。

4.3　纤维分选

4.3.1　纤维分选的目的

(1) 提高纤维质量

热磨后的纤维均匀性较差，甚至含有一些纤维束，经过分选处理后，有可能去除这些粗纤维束，提高纤维的质量。铺装时将细纤维和粗纤维分开，粗纤维置于板子芯部，表面用细纤维，这样做既节省原料，又降低了生产成本，还可以保证产品的物理力学性能。

(2) 提高产品表面质量

中密度纤维板在使用时对表面质量有很高的要求，尤其在表面装饰时，特别要求板子表面平整、细腻以及有很高的结合强度。有些工厂生产三层结构的中密度纤维板，也需要把表芯层纤维分开贮存，表层细纤维量为 40%，芯层粗纤维量为 60%。这就要求通过纤维分选来实现这一方案。

在工业化生产中，许多工厂并没有在生产线中配置专门的分选工序，但纤维在铺装时还是存在着分选的隐形作用，用机械式或气流式铺装头可以将粗细混合的纤维分选开来，使细纤维铺在表层，粗纤维铺在芯层。

4.3.2　纤维分选方式

纤维分选方式可分为两大类，即预分选和自然分选。

(1)预分选

预分选是指采用专门的设备把混合纤维先分成粗细两类，然后分别进行铺装，多用于多层结构板的生产。预分选的基本原理为：借助分选器，根据粗细纤维的重量不同，使纤维在一定的涡流气流运动中产生不同的运动状态而达到相互分离的目的。预分选又分为一级预分选和二级预分选两种方式。

一级预分选——图 4-19 所示为一级预分选工作原理。混有纤维的气流按一定的速度进入风选装置，形成涡流。纤维伴随着气流在风选装置内作离心旋转运动。粗纤维因质量大故离心力大，沿着管道运动并从小管中排出，再经旋风分离器分离后落入粗料仓。细纤维(不排除也含有少量稍粗纤维)在叶片和涡流气流作用下，进入风选装置内侧旋转，其中夹杂的少量粗纤维因其离心力大被叶片导向外侧，而叶片外侧夹杂的部分细纤维经叶片产生的涡流作用被旋进内侧，多次进出，即达到粗细纤维分选的目的。细纤维从中央管道被吸走。调节叶片的角度，能够改变纤维的分选程度。分选装置还配有空气补充管道并由流量阀控制，调节流量阀，可以调节纤维输送速度以防止纤维在管道中堆积。

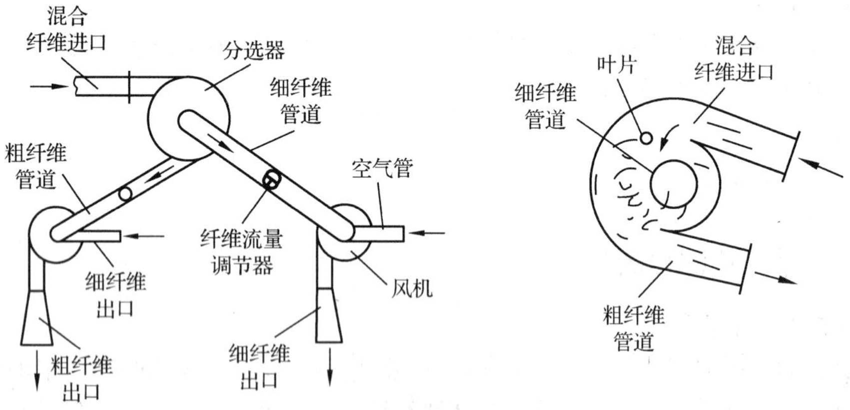

图 4-19　一级预分选工作原理

二级预分选——图 4-20 所示为二级预分选工作原理。二级预分选系列利用机械作用和风力的联合作用，根据纤维的重量和表面积进行分选。二级预分选包括用振动筛分选和风力分选两步骤。第一步，粗细混合纤维进入第一级机构即振动筛上部时，由于从底部有一股向上运动的气流，使大部分合格的混合纤维在下落至筛网时被上升的气流吸走，经振动筛分选后的纤维送入第二级涡流分选装置，不能被吸走的粗颗粒从筛网中落下送往指定地点另作他用；第二步，包含有粗细两种类型的合格纤维按照与一级预分选相同的原理在两次预分选装置中将粗细纤维分开。二级预分选的效果比一级预分选好。

(2) 自然分选

自然分选是指把纤维成型和分选二者溶为一体。自然分选不需要专门配备设备，在成型时基于不同类型的铺装头，借助纤维离心力或浮力而达到分选的目的。用自然分选的纤维生产的产品在厚度方向上表现为渐变结构，即从板子表层到芯层纤维逐渐由细变粗。自然分选的工作状态有三种形式：

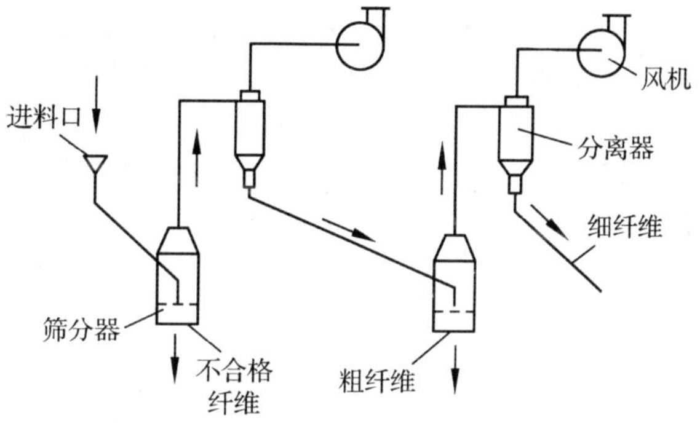

图4-20　二级预分选工作原理

①机械铺装头自然分选：利用粗细纤维之间的重量差异进行分选。对于机械铺装头成型的纤维，在抛辊的旋转作用下，因粗细纤维重量不同其离心力也不同，粗纤维抛落得远，细纤维抛落得近，粗细纤维得以分开。

②气流铺装头自然分选：利用粗细纤维之间的浮力差异进行分选。对于用气流成型纤维，在一定速度的气流吹动作用下，粗细纤维因重量不同而得到的浮力也不同，粗纤维就近下落，细纤维被吹送得较远，粗细纤维得以分开。

③机械气流混合铺装头自然分选：上述两种方式均属于强烈的分选措施，不利于形成理想产品结构，因此，生产中提出了将这两种分选方式结合在一起的组合式分选方式，一般可以获得理想的分选效果。

4.3.3　纤维贮存

在干法中密度纤维板生产中，为了合理调节前后工序的工作状态，考虑到前后关键工序可能会出现的局部障碍，配备必要的纤维贮存料仓是不容忽视的。

(1) 纤维贮存的作用

①实现干燥工序与成型工序之间的原料需求平衡；

②使完成干燥的纤维获得一个缓冲时间，有利于稳定纤维质量；

③为齐边、横截及废板坯回收产生的纤维再利用提供纤维贮存点。

(2) 纤维贮存的特性

①堆积密度小，1t纤维堆积容积达40m^3；

②堆积时因纤维自重和相互挤压会产生纤维结团和“架桥”现象，造成出料困难；

③堆积时水分容易散发，会造成施过胶的干纤维预固化，因此纤维贮存时间不宜过长，夏季不超过1h，冬季不超过8h。

(3) 纤维料仓

纤维料仓分为“立式”和“卧式”两种类型。

立式料仓容易产生“架桥”现象，导致出料困难，故较少用于干纤维贮存，现代化生产中多采用卧式料仓。

卧式料仓的工作原理（见图4-21）：纤维由水平螺旋从料仓上部进入料仓，被料仓内的运输螺旋水平地推向料仓前部，料仓底部装有焊接刮板链，使料仓内整个料堆平稳的向前推进，再通过卸料辊被抛松打散，使纤维均匀的出料送往下一道工序。采取上述措施后基本上可以不产生结团和“架桥”现象。为保证出料均匀，料仓中的纤维必须保持一定的料位高度，通常料仓中装有音叉式料位探测计，并将其与干燥机和铺装机实现电器联锁。料仓设有通风口，尾门可手动或气动开启，当发生火情或其他事故时，底部刮板链可灵活反转，将着火的物料卸出。

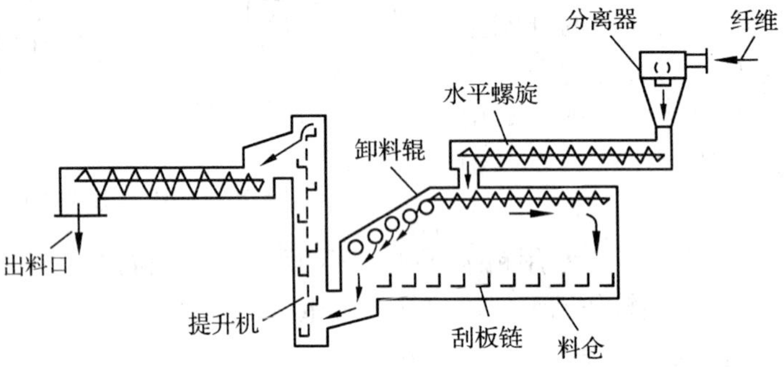

图 4-21　干纤维料仓结构

4.3.4　纤维计量

干法生产纤维板，为保证产品规格和质量，纤维在气流成型前需要计量。计量的方法可分为重量计量和容积计量两种。为适应大规模连续化生产的需要，干法生产中多采用连续的容积计量法。

(1) 容积计量

容积计量方法受纤维含水率影响较小，每块板的纤维用量是按体积计算的。容积计量要求纤维密度均匀。纤维的含水率、大气条件、气流速度和纤维分离程度等均影响纤维密度，所以对这些条件都要加以调节和控制。计量器的位置通常设在成型机之前。计量器供给的纤维要比成型机需要量大 25% ~30% 。多余的纤维通过成型机的刮平辊加以回收。

(2) 重量计量

重量计量与容积计量相反，由于含水率与纤维的重量有直接的关系，故含水率的均匀程度对计量精度有很大影响。如果一批浆料中纤维的含水率相差很大，水分蒸发后将造成产品严重的厚度误差。

目前，干法纤维板生产线上，往往在铺装成型前采用容积计量，成型后的板坯用重量计量加以校正。图 4-22 所示为三层结构纤维板纤维计量流程。

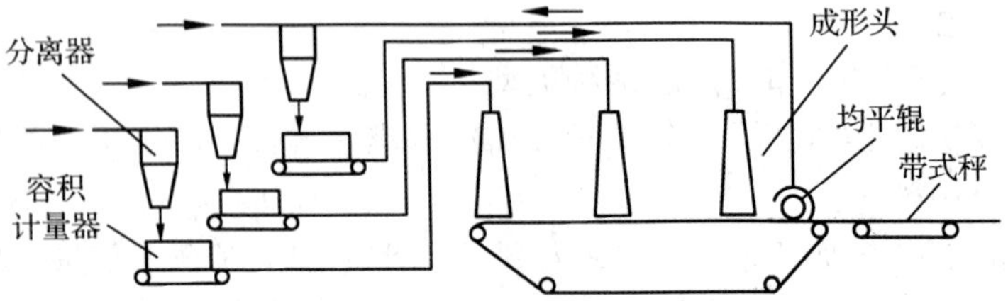

图 4-22　三层结构纤维板纤维计量流程

4.4　纤维施胶与干燥设备

4.4.1　纤维施胶控制系统

纤维管道法施胶是在热磨机的纤维排放管道上配置一孔径为 2.5 ~3.0mm 的特殊构造的喷嘴，由计量泵将固体含量稳定的胶液送入喷嘴，同时输入压缩空气，胶液压力为 0.3 ~0.4MPa，气体压力为 0.5 ~ 0.6MPa，喷胶压力应大于热磨机排料压力 0.2MPa，喷出胶液呈雾状，与排出处于紊流状态的高速流动的纤维在管道内得到充分混合。胶黏剂是否均质分布、是否为最佳的配比，可通过自动监测、控制和调节系统来完成判断和调节(见图 4-23)。

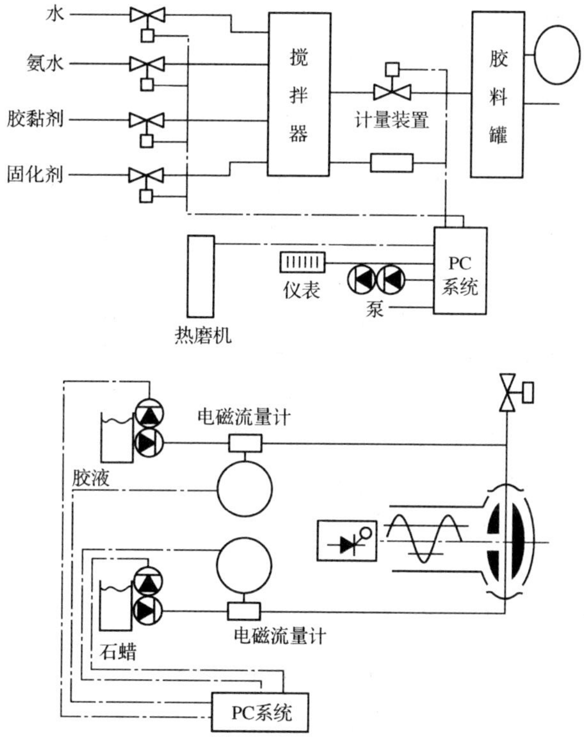

图 4-23　施胶控制系统

比较粗放的纤维量与施胶量的计量和控制，是根据热磨机的进料螺旋的转速进行估算。

为达到最佳和精确的配比，施胶量应根据热磨机纤维量和含水率的变化进行自动调整，全部由计算机控制。在胶管上装有电磁流量计，胶液经过一个交变磁场，产生一感应电动热信号，此信号经转换器转换后进入流量显示器控制装置中，该装置由显示仪和调节器组成，从显示仪中可直接读出胶的流量。进入调节器的电流信号，与来自热磨机进料螺旋转速传感器的电流信号和木片的含水率信号，经调节中心运算后，输出一个信

(3) 风压形式

无论一级或二级干燥系统，也不论采用哪一种管型，由于风机安装位置不同，气流在干燥管道内流动的走向也不同，产生两种不同的风压形式：正压式和负压式。

①正压式干燥系统：又称压出式(见图 4-27)，是指预干燥的物料通过风机再压入主干燥管道。这是目前纤维干燥常用的一种形式。

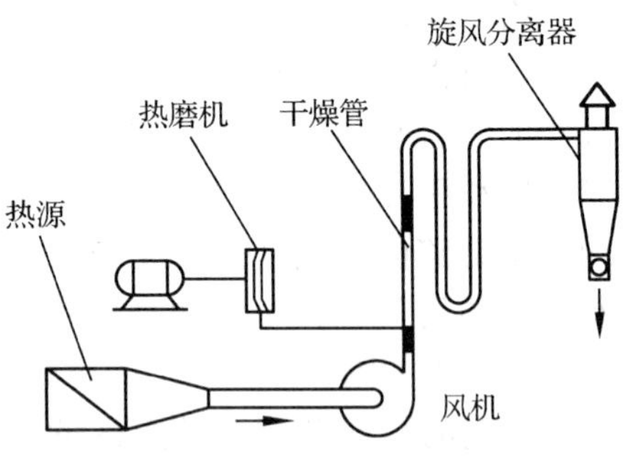

图 4-27 正压式干燥系统

正压系统在物料通过风机时，由于风机叶片的分散和粉碎使纤维的干燥表面不断更新，纤维与干燥介质接触的总表面积增大，换热系数增加，强化了干燥过程，干燥效果好。同时由于干燥速度加快，减少了物料在管道内的停留时间，可以缩短干燥管道的长度。其缺点是纤维经干燥后，细小纤维含量增加，纤维易粘挂在风机叶轮和壳体上造成不平衡，容易使风机叶轮、壳体和轴承磨损。同时，由于风机在高温下作业，增加了风机主轴和轴承的磨损。

②负压式干燥系统：又称吸入式(见图 4-28)，是指预干燥的物料不经风机而直接吸入主干燥管，风机只吸出湿空气。它没有压出式的缺点，但是风压受到限制，尤其是离心式风机所能形成的真空度有限，要加大风速，只能增加风机的容量，所以动力消耗较大。

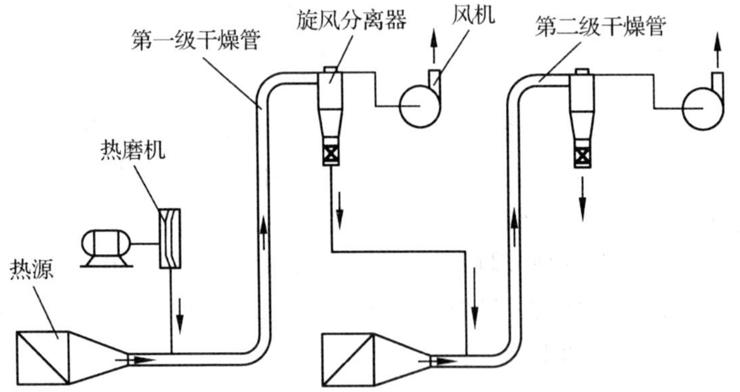

图 4-28 负压式干燥系统

(4) 纤维干燥设备主要技术参数

干燥系统主要由加热装置、星形阀、离心风机、干燥管道、旋风分离器等组成，如图 4-29 所示。

①一级气流干燥系统：一级气流干燥系统以煤气(或蒸汽)作热源，煤气燃烧后与空气混合作为干燥介质。湿纤维通过星形阀 4、落入一级主干燥管的水平吸入管 5 中，与干燥介质混合，由一级离心风机 7 送至立式一级主干燥管 8 中。干燥介质进口温度为 160 ~ 180℃，一级主干燥管中部温度为 70 ~ 80℃，出口温度为 55 ~ 65℃，干燥时间为 3 ~ 45s。纤维初含水率为 50% ~ 55%，终含水率为 20% 左右。

一级干燥系统主要技术参数见表 4-6。

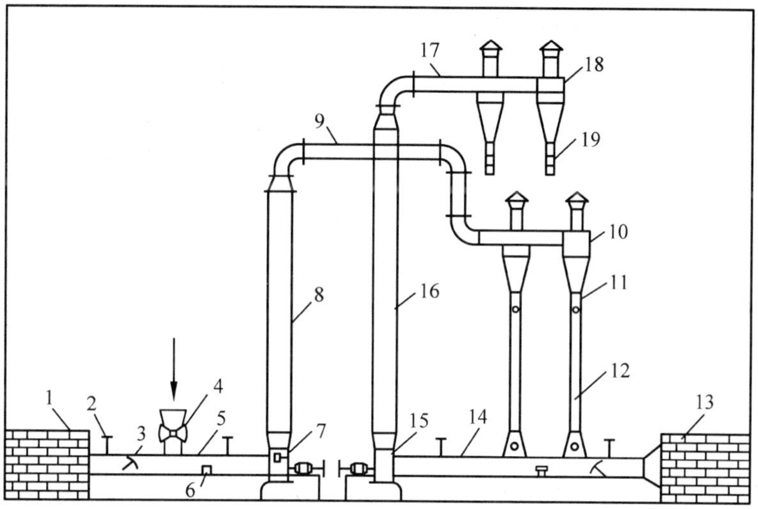

图 4-29　两级气流干燥系统结构组成

1. 一级空气加热器　2. 温度计　3. 阀门　4、11、19. 星形阀　5、14. 水平吸入管　6. 清理盖　7. 一级离心风机　8. 一级主干燥管　9、17. 出口附加管　10、18. 旋风分离器　12. 接管　13. 二级空气加热器　15. 二级离心风机　16. 二级主干燥管

表 4-6　一级干燥系统主要技术参数

系统指标	参数值	系统指标	参数值
送料浓度	1kg 纤维/(15 ~ 20m^{3}空气)	煤气喷嘴数量(只)	4
主干燥管气流速度(m/s)	12 ~ 13	煤气用量(m^3/h)	160 ~ 250
干燥管道总长度(m)	30	最大热负荷(kJ/h)	4 000 000
主干燥管长度(m)	10	离心风机型号	9 - 27 - 1　10$^{\#}$右 90°
主干燥管管径(mm)	800	风量(m^3/h)	24 900
水平吸入管长度(m)	8	风压(Pa)	6027
水平吸入管管径(mm)	500	驱动电动机型号	JO94 - 3
出口附加管长度(m)	12	电动机功率(kW)	75
出口附加管管径(mm)	400	电动机转速(r/min)	1450
煤气炉的容积(m^3)	5		

②二级气流干燥系统：一级干燥后的纤维通过旋风分离器 10 下面的星形阀 11(见图 4-29)，进入二级干燥器的水平吸入管 14 中。二级干燥以蒸汽作热源，空气通过散热器加热作干燥介质，由二级离心风机 15 把纤维送至立式二级主干燥管 16 中。干燥介质进口温度 130 ~ 140℃，主干燥管中部温度 110 ~ 120℃，出口温度 90 ~ 100℃，干燥时间 3 ~ 4s。二级干燥机出口纤维含水率 6% ~ 8%。

纤维通过一、二级干燥系统的全部管道、旋风分离器及星形阀的总时间约为 15s。

二级干燥系统主要技术参数见表 4-7。离心风机、驱动电动机型号与一级气流干燥相同。

表 4-7　二级干燥系统主要技术参数

系统指标	参数值	系统指标	参数值
送料浓度	1kg 纤维/(15 ~ 20m^3 空气)	出口附加管管径(mm)	400
主干燥管气流速度(m/s)	12 ~ 13	散热器(个)	5
干燥管道总长度(m)	22	散热器组数(组)	18
主干燥管长度(m)	11	散热面积(m^2)	570
主干燥管管径(mm)	800	使用蒸汽压力(MPa)	0.7 ~ 1.0
出口附加管长度(m)	4	最大热负荷(MPa)	2.1

本章小结

纤维施胶与干燥是纤维板生产的重要工艺环节。为了提高产品的强度和耐水性，在纤维中加入少量胶黏剂和防水剂，有时为了赋予产品以耐火性和防腐性能，可以在纤维中加入阻燃剂和防腐剂等。胶黏剂的性能、纤维的施胶工艺、施胶方法及施胶量均会影响最终纤维板的性能。纤维干燥是控制热压前纤维的含水率，使其在要求范围内，以确保最终纤维板产品的性能。除了纤维含水率对纤维板性能有影响外，纤维干燥工艺、纤维干燥方式和纤维干燥设备对纤维板产品质量均有较明显的影响。为了提高纤维的质量和纤维板产品表面质量，可将热磨后不均匀的纤维进行分选，纤维分选方式和设备是直接影响产品质量的主要因素。

思考题

1. 纤维板用胶黏剂有哪些技术要求?
2. 纤维吸湿和吸水的机理是什么?
3. 简述纤维施胶方式和施胶量的大小。
4. 影响纤维干燥工艺的因素是什么?
5. 简述纤维干燥工艺。
6. 简述纤维分级的方式。

第 5 章

板坯铺装与预压

板坯铺装与预压是纤维板生产的重要工序之一。铺装效果的好坏直接关系到产品的质量。铺装成型后的板坯，结构松散、厚度较大，一般为成品厚度的 30～40 倍，无初始结合强度，为了保证板坯铺装结构和一定的密实度、防止板坯在运输过程中塌散、缩小压机压板间的开档、提高生产率，所以在热压前常设置板坯预压工序。本章介绍了板坯铺装、板坯预压、铺装与预压的设备。

5.1 板坯铺装

纤维铺装成型工序是纤维板生产中重要工序之一。铺装效果的好坏直接关系到产品的质量。

纤维成型根据成型介质，可以分为湿法成型和干法成型两类。

湿法成型的介质是水，是将经过预处理具有一定浓度的纤维浆料，通过有关设备制成一定规格并具有初步密实度的湿板坯。湿法成型虽然工艺成熟、产品质量理想，但其生产过程产生大量废水，造成水污染；且湿法成型制得湿板坯，压制时能耗高。因此，除有特殊性能要求的软质纤维板生产外，目前该成型方法基本不使用，故本章不做介绍。

干法成型是以空气作为介质，将施过胶的干纤维通过机械力或风力以及两者并用的方法，均匀地分散在成型室的空间中，铺撒的纤维靠重力或经真空吸附，在传送带上层积形成板坯。目前，高、中密度纤维板基本上都采用干法铺装成型。

5.1.1 板坯铺装工艺要求

由于气流成型的特点，干法能够生产多层结构的板材。可用优质材和剥皮的原料制成表层所需的纤维，把劣质材和未剥皮的原料制成中层纤维。气流成型要求纤维在成型过程中不结团、不堆积，板坯密度要均匀，厚薄一致，具有一定的密实度，并保证达到足够的厚度和尺寸规格，以满足产品质量的要求。

5.1.2 板坯铺装方法

为了获得均一的板坯，铺装成型设备机构都很复杂，特别是铺装成型头。纤维铺装成型方法一般是根据成型头的原理进行分类的，通常分为机械成型、气流成型以及定向成型等几大类。

（1）机械成型

机械成型是利用机械作用将经计量后的纤维松散，再均匀铺装成板坯。其原理是用各种运输带均匀定量供料，各类辊、刷、针、刺将纤维抛松、打散，在离心力和重力作用下，沉降到网带上。因此，单纯机械成型设备结构简单，动力消耗小，调整、操作和维修方便；与气流铺装相比，其细小纤维飞扬扩散少，对环境污染小。但其制得的板坯蓬松、密度低，强度亦小，板坯难以高速运输，纤维靠自重沉降，速度慢、生产率低，比较适合于生产薄板，此外在板坯预压和热压时要排除大量空气，也会产生粉尘，所以现在改进为真空机械成型，这样既保持了机械成型的优点，又克服了其原有不足，使铺装板坯密度加大、生产效率提高，而且可用于铺装厚板。下面介绍两种不同类型的机械成型铺装方法。

①回转辊成型：其工作原理是拌胶纤维进入铺装机料斗，输送带将纤维送往斜输送带，此带为针带，纤维层的厚度用针辊控制，纤维从输送带按一定速度送往计量秤，由计量秤经输送带、均平辊和甩辊送往铺装机构。快速回转辊用来抛散纤维，并起分选作用（见图 5-1）。

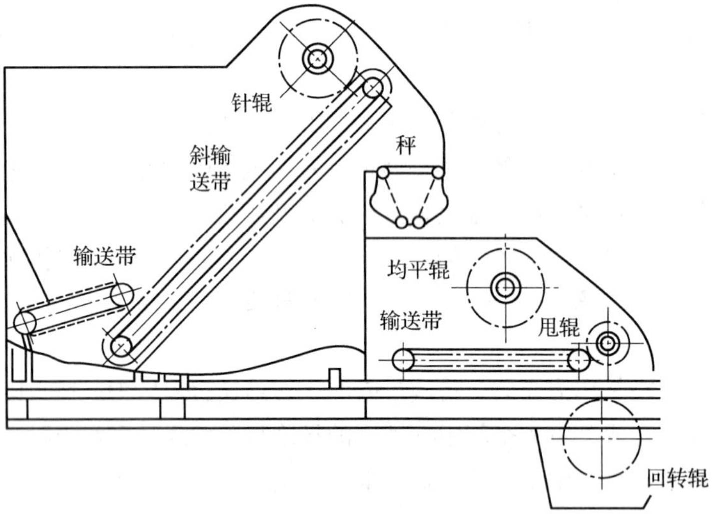

图 5-1 回转辊成型机结构

②双辊筛网成型：其工作原理是未经分选的纤维通过均平辊，定量落入一对反向旋转的毛刷辊之间，将纤维抛起，细纤维分别从刷辊两边穿过筛板，落在成型网带上形成上、下表层，粗纤维不能通过筛板，只能由两辊间空隙铺撒在中层（见图 5-2）。这种成型头在成型时进行分选，可形成多层结构的中密度纤维板。

（2）气流成型

气流成型方法大致分为两类：降雪式气流成型和真空气流成型。

降雪式气流成型的工作原理是：纤维从贮仓出来经计量后，用风送系统或机械输送的方法送至成型机的顶部，再落到带齿针的高速旋转的打散辊上，经过一组或几组打散

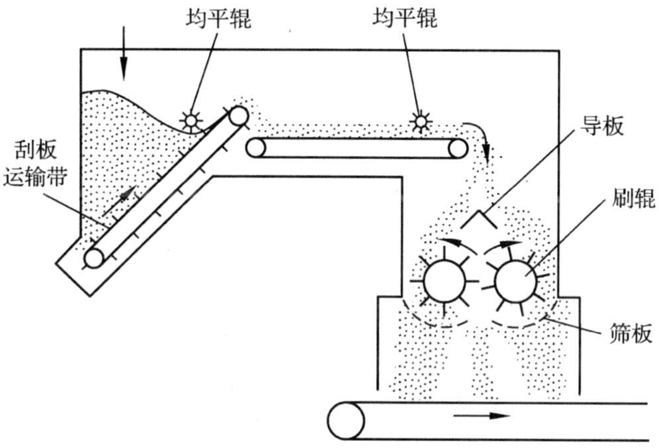

图5-2　双辊筛网成型机结构

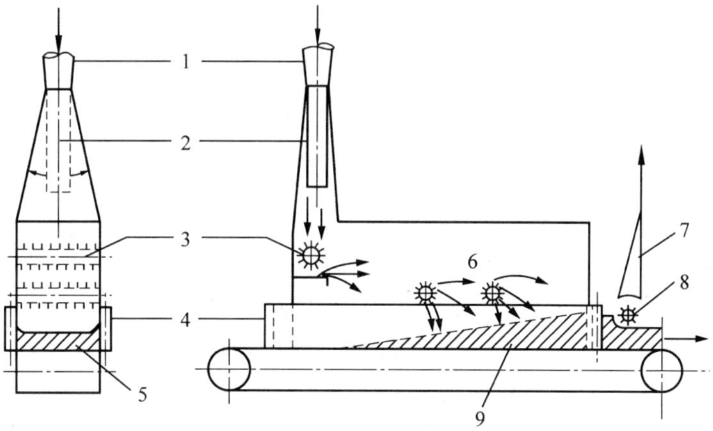

图5-3　降雪式成型机结构

1. 旋风分离器出口　2. 摆动喷嘴　3. 高速打散辊　4. 传送带边框　5. 板坯断面
6. 高速打散辊(分配辊)　7. 刮平回收罩　8. 刮平辊　9. 传送带

辊充分打散后，像大雪纷飞一样漂浮在成型室的空间内，纤维靠本身的重力逐渐沉降在成型室底部的传送带上，逐步形成一定厚度的板坯，如图5-3所示。

降雪式气流成型的特点是：设备结构简单，动力消耗小，工艺较容易控制。缺点是板坯比较蓬松，成型过程中纤维容易结团或聚集，板坯密度不够均匀等。

真空气流成型的工作原理是：纤维从贮仓中经计量后，用风送系统送至成型室上面的摆动喷嘴，通过摆动喷嘴均匀地铺撒在环形的传送网带上，网带下面设有真空箱，造成负压，当空气通过网带时，纤维被吸附在网上而逐步形成板坯(见图5-4)。一般在成型室外面有均平辊将多余的纤维吸走，送回计量箱重复使用。

这种成型方法形成的板坯密实，具有一定的强度，有利于输送；纤维沉降速度快，可采用较高的铺装速度，生产率高；有负压抽吸，适合不同厚度的成型要求。但其能耗较高，气动特性较复杂，工艺控制难度较大，对设备要求高，密封较难，易造成空气污染。

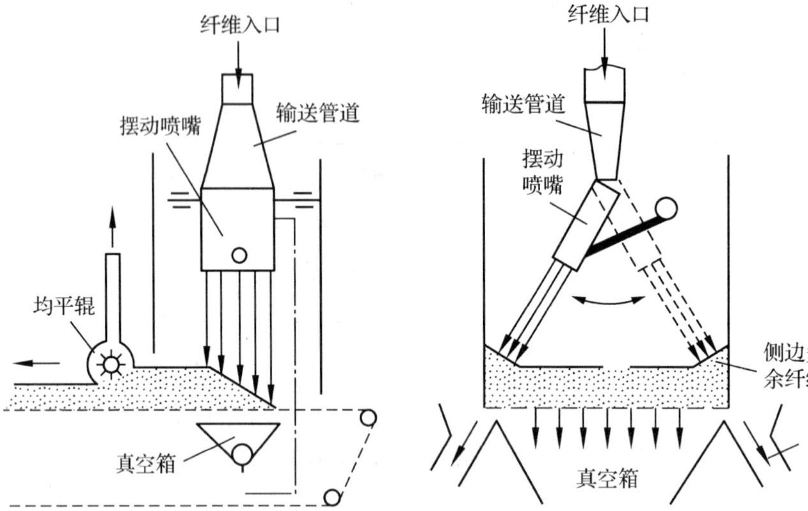

图 5-4　普通真空气流铺装机结构

真空气流成型时一般安装 3 ~5 个同样的铺装头，其中 2 ~3 个铺装中层粗纤维(比例占纤维总量 50% ~70%)，另外两个分别铺装上下表层的细纤维(比例各占 15% ~25%)，或者在预压后再铺上一薄层精细纤维，以提高表面光洁度或充分利用不同的原料。喷嘴摆动的角度与成型质量有关，角度太小，板坯不完满，角度太大，则会造成边角的堆积。摆动角度由喷嘴距离板坯的高度来决定。喷嘴出口断面为矩形，摆动时应保证整个矩形断面气流能把纤维送达边角处。但是喷嘴摆到终点逆转时，有一个转向的短暂停留，加上边角处的气流干扰，会造成纤维沉积不均，使板坯有加厚的情况，故增设侧向吸槽以除去这部分纤维，并可以回收再用。

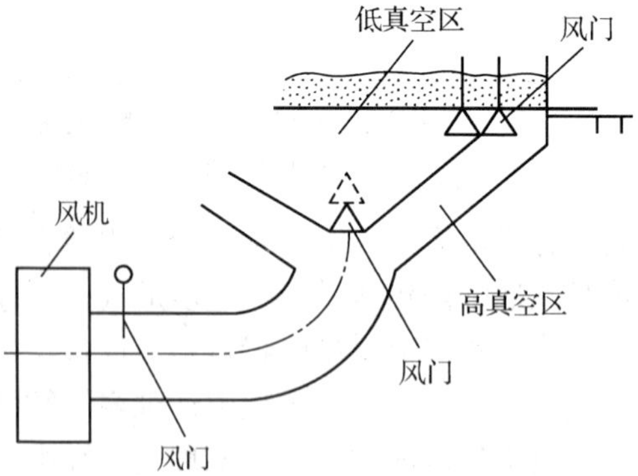

图 5-5　真空箱剖面图

一般成型箱下部的进出口上下可调整，以适应不同板厚的要求。同样，它沿板宽方向的距离也是可调的，以适应不同板宽的要求。图 5-5 所示为真空箱剖面图。从图中可以看出，真空箱的中间部分是低真空区，两侧是高真空区，两部分的风门及风机的风门均可调整。两侧真空壁的角度要适当，以保证纤维不致附着其上。由于两边有较高的真空度，可使板坯两边的密度较中间部分为高，这样便于运输和锯裁，而且加压后密度比较均匀。此类成型机的生产率决定于空气-纤维的混合比和气流速度。混合比过大，即空气量过大，会降低生产率和增加动力消耗；混合比太小，纤维含量加大，则易结团。一般取 $3m^3$ 空气/$kg_{纤维}$。气流速度太小，生产率低，如气流速度取 20 ~30m/s，达板坯表面时速度为：细纤维 9 ~12m/s，粗纤维 12 ~14m/s。但因为板坯的阻力，真空箱入口处的实际速度只有 1.4 ~1.8m/s。

(3)定向成型

常规成型的纤维板，纤维在板中的排列方向是随意的，因此，板的强度是各向同性的。由于纤维的排列杂乱无章，彼此交错重叠，使相互间的接触面减小，空隙率增大，部分胶黏剂用于充填空隙，未能充分发挥胶合作用。因此，仅靠增加胶黏剂，要提高产品的力学性能和尺寸稳定性是困难的。定向成型是通过增加相应的辅助设备，使纤维沿一定方向有规律的排列，使彼此接触面积增大，减少交叠形成的空隙，不仅使胶黏剂充分发挥作用，而且能很好的利用纤维本身的纵向强度。因此，定向成型已成为当前提高人造板质量、拓宽人造板范围的有效途径。

5.2　板坯预压

铺装成型后的板坯，结构松散、厚度较大，一般为成品厚度的 30 ~ 40 倍，无初始结合强度。为了保证板坯铺装结构和有一定的密实度，防止板坯在运输过程中塌散，缩小压机压板间的开档及提高生产率，所以在热压前常设置板坯预压工序。

5.2.1　预压的目的

预压目的如下：

①排除板坯皮中的空气，防止热压时大量空气外逸冲破板坯；

②使板坯具有一定的密实度，以提高自身的支承强度，在运输中不至于散落或塌边；

③减少蓬松的板坯厚度，缩小压机开档。

预压后的板坯比原始厚度减小 2/3 ~ 3/4(包括离机后的回弹在内)，或者为产品最终厚度的 8 ~ 10 倍。但预压后板坯宽度方向的伸长率为 5% ~7% 。

纤维板坯预压的压缩程度与纤维分离质量、含水率、原料种类、施胶量、预压压力、成型方式与工艺等诸多因素有关。

预压后的板坯比原始厚度减小，但板坯预压后厚度方向有回弹现象。压缩率 η 与回弹率 β 计算公式如下：

$$\eta = \frac{h_1 - h_2}{h_1} \times 100\% \tag{5-1}$$

$$\beta = \frac{h_2 - h_3}{h_1} \times 100\% \tag{5-2}$$

式中：h_1——板坯成型厚度(mm)；

h_2——板坯回弹后稳定厚度(mm)；

h_3——板坯压缩时最小厚度(mm)。

对于木质原料，压缩率一般为 60% ~75% ，回弹率则为 15% ~30% ；对于甘蔗渣原料，压缩率比木材原料要高，为 70% ~90% ，预压后板坯的宽度方向要伸长约 5% 。

5.2.2　预压工艺要求

干板坯的水分少、纤维弹性大，较难压缩，预压的线压力较大，一般为12～20MPa。

预压辊外面套有钢带或橡胶带，并使用平缓的压入角(一般取5°～10°)，如图5-6所示。

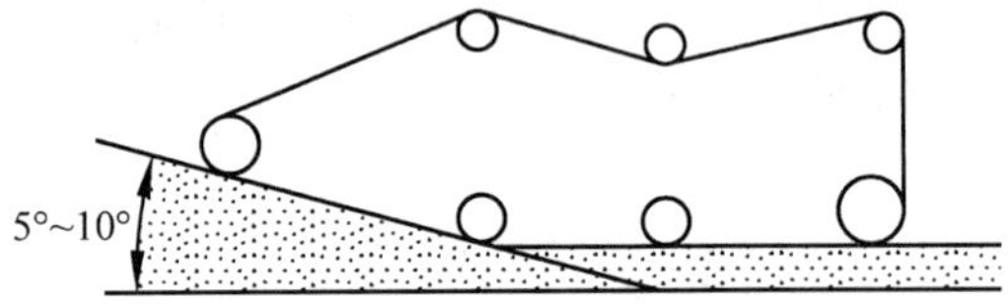

图5-6　带式预压机的压入角

为了防止突然升压过高使板坯破裂，通常采用逐级加压法。如三级加压：第一级预压辊的线压力为2～3MPa，第二级7～10MPa，第三级12～18MPa。

为了防止加压时蓬松的板坯边缘散落或破裂，在压力带的侧边最好增加一对导板。

5.2.3　预压设备

为适应连续化生产的需要，板坯预压多采用连续带式预压机，如图5-7所示。

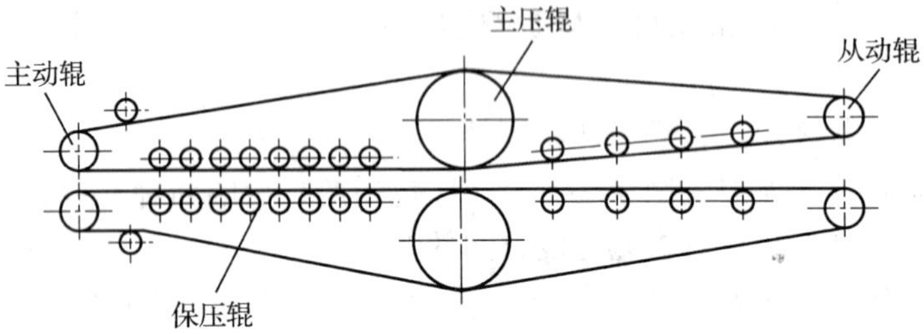

图5-7　连续带式预压机结构

该机分为三部分：第一部分为具倾角的引导部，它用最小的倾角缓慢减小板坯的厚度；第二部分是由上、下两压辊构成的主要加压部，压辊逐渐增压，最大线压力为1.4～2.5kN/cm，由液压缸供给；第三部分为保压段，由于干纤维回弹大、难压缩，因此必须有一定长度保压段对板坯进行保压，该段压力可与加压段相同，亦可低于加压段，保压时间6～7s。每对辊的开度和压力都可调整，预压时间的长短几乎不影响板坯的最终厚度，一般加压和保压时间总计为10～30s。

现在不少预压机的出口端带有小倾角，称为离去角，目的是逐渐卸压，防止板坯回弹过快而重新吸进空气，同时避免成型网带与板坯分离时剥离并带起表面纤维。

预压带过去多用钢带，现多为加强的钢丝橡胶带或聚四氟乙烯尼龙带。

在连续带式预压机中，板坯处于压缩状态下移动，因此，预压机运行速度和成型网带速度须严格同步。

板坯预压时，可以同时采用高频预热，以增大板坯压缩率、减小回弹率，同时还可缩短热压周期。温度一般不大于 70℃，以防树脂提前固化。

本章小结

板坯铺装和预压工段是纤维板生产的重要工艺环节。对铺装工段，本章主要介绍纤维铺装工艺要求和铺装方法；对板坯预压，主要介绍板坯预压的目的和方法。所采用的纤维铺装设备和预压设备，也会影响纤维板产品的质量。

思考题

1. 板坯铺装有哪些工艺要求？
2. 板坯预压的目的是什么？
3. 简述纤维铺装的方法。
4. 简述板坯预压的方法。

第 6 章

热　压

本章重点介绍了纤维板生产中最重要的工序之一热压工艺的主要因素，以及热压工艺因素对产品质量的影响，并介绍了纤维板生产通常采用的周期式及连续式热压工艺和设备。

6.1　热压工艺的主要因素及影响

热压是纤维板生产最重要的工序之一，对于纤维板的产量、质量、生产效率和成本都有决定性的影响。热压工艺是指通过合理地安排热压时的温度、压力和时间关系等，使纤维板坯经过热压胶合成板，并达到预期的物理力学性能指标。纤维板在热压过程中，通过加热和加压的方法，将成型的纤维板坯压制成所需厚度、密度和物理力学性能的纤维板。热压过程是一个复杂的物理和化学变化过程，包括了压实板坯使纤维之间紧密接触，升高温度使纤维板坯内部水分气化、胶黏剂固化等。目前，国内外纤维板生产多数采用干法热压工艺。在干法热压过程中，由于加热而使树脂胶流动，分散在纤维之间，并随温度的升高和时间的延长而逐步缩聚固化，使纤维之间产生牢固的胶合。构成干法中密度纤维板强度的主要来源是树脂胶的胶合作用，纤维之间的天然胶合强度则很小。热压工艺的主要因素包括热压温度、压力、时间、板坯含水率等。

6.1.1　热压温度

纤维板的性能与热压温度关系密切。热压温度的升高提高了纤维的活性，有利于纤维之间的结合。但若温度超过某极限时，又会出现板材的强度、耐水性能降低，预固化层增厚等现象。干法热压时，加热的主要目的之一是加速树脂的固化，因此，所采用的热压温度应与采用的树脂固化温度相适应。如采用脲醛树脂胶时，温度可低些；采用酚醛树脂胶时，因其固化温度高，所以热压温度也应相应提高。

热压温度指热压板表面温度，而板坯实际的传热过程较为复杂。在热压过程中，板坯表面和芯层的温度是变化的，有较大差别(见图 6-1)。在纤维板热压过程中，接触热压板的表层纤维的温度上升很快，在很短时间内就接近热压板的温度，而芯层纤维温度上升很慢，当芯层达到 100℃以后，由于其水分蒸发而吸收大量的热量，使芯层温度的变化保持一段时间的平缓，由于板坯吸收的热量逐步增加，其内部的水分因蒸发而逐渐减少，使芯层温度开始逐渐超过 100℃。

板坯表芯层的温度变化如图 6-1 所示。芯层温度曲线分为五段：

t_1 段，板坯表层迅速升温，芯层温度无变化；

t_2 段，芯层温度迅速上升，直至水分开始蒸发；

t_3 段，芯层温度升至100℃；

t_4 段，芯层保持100 ℃，水分变为蒸汽，从板边排出；

t_5 段，芯层温度开始超过100℃，并逐渐升高至接近热压板温度。

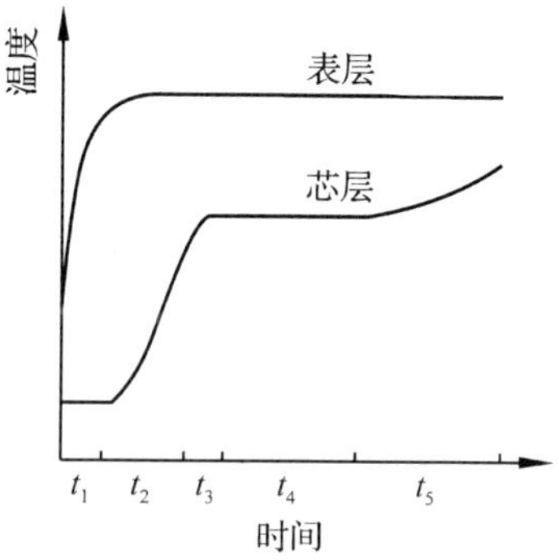

图6-1　热压过程中纤维板坯表芯层的温度变化

选择热压温度应考虑胶黏剂类型、人造板品种、设备生产能力、板坯含水率和板材厚度等因素。通过改进树脂胶，可以提高热压温度、缩短热压时间，提高生产效率。提高温度不仅可以加速树脂固化，而且还可以增加木质纤维的塑性，有利于纤维之间紧密接触，提高胶的流动性，增强纤维板的胶合性能。但是，过高的温度会使表面的纤维出现过干和变脆，甚至被炭化发黑。一般采用脲醛树脂胶时，热压温度可以在160～190℃之间调整。

6.1.2　热压压力

压力的主要作用是将纤维板坯压缩至规定的厚度，使纤维之间紧密接触，达到良好的胶合效果。合适的压力大小，与原料的树种、施胶量、纤维板坯含水率、纤维板密度和厚度、压机闭合速度、热压温度和时间等因素有关。板面单位压力(压强)的计算如下：

$$Q=(P_{表}\times A\times n)/S \qquad (6\text{-}1)$$

式中：$P_{表}$——压力表读数；

A——柱塞面积；

n——柱塞数；

S——未锯边纤维板面积。

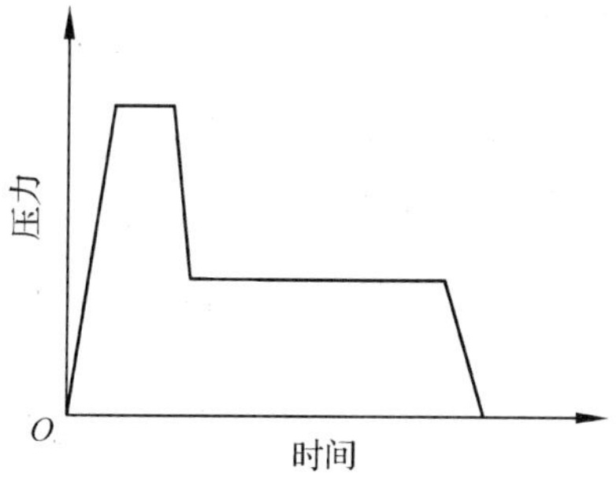

图6-2　两段加压法曲线

中密度纤维板通常采用两段加压法，其曲线如图6-2所示。第一阶段加压的作用是把板坯压实，达到所要求的密度和厚度，这时所加的压力主要是克服板坯内部的摩擦力，压力的大小随板的密度变化而不同，当需要压制密度较大的纤维板时，加压压力要大，反之则要小。第一阶段压力的加压速度对板坯的断面结构有很大影响，当快速加压时，由于接触式传热和板坯内压力传递速度的原因，表层纤维先受压而被压缩，因此密度较高，而芯层纤维受压缩慢、密度小；当采用慢速加压时，由于板坯内压力逐渐传递，使板内的密度差减少，所压成的板子断面密度较均匀，适用于曲面加工和雕刻。第二阶段是蒸发水分和树脂胶的固化阶段，这一阶段的加压压力比第一阶段低，以形成板坯内外的压力差而使内部水分能顺利排出，此阶段压力若太大，不利于水分排出，容易造成热压结束卸压时出现鼓泡现象，压力若太小，低于板内蒸汽压力，则容易造成板内蒸汽冲破纤维板坯。由于热压过程中板坯内部形成了高压蒸汽，所以在热压第二阶段结束后，需要采取缓慢降压的方法，避免在降压过程中发生鼓泡和分层。

当采用厚度规即压板垫条来控制成品厚度时，实际上板坯内的压力变化与上述两段加压过程有所不同。当压板加压到与厚度规相接触时，板坯内所受的压力达到最大值，如果再加大压力，也只是被厚度规所承受而并不增加板坯所受压力（见图6-3）。在热压时由于高温的作用，板坯弹性减小、塑性增加、板坯自然收缩，造成板坯实际承受的压力下降，随着热压过程的继续，压力下降到最低值，而这时热压过程也告结束。

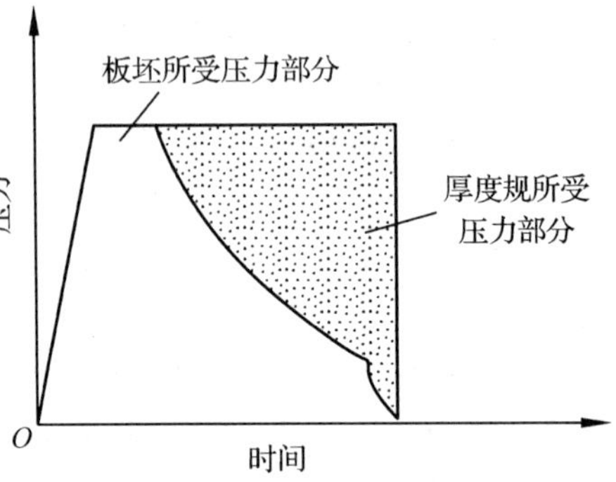

图6-3 有厚度规的加压图

6.1.3 热压时间

热压时间要根据原料树种、纤维质量、板坯含水率、成品板厚度、胶种以及热压的温度、压力等而确定。对于两段加压法，热压的第一阶段保压时间不宜过长，如过长会形成一层硬壳而影响内部的水分蒸发，但如太短了，在降压后板坯回弹过大、影响厚度公差，这段时间一般取1～2min。热压的第二阶段的时间，主要取决于水分的蒸发和胶的固化，这是整个热压时间中最主要和重要的部分。如果时间过短，板坯内水分未完全排出、胶未完全固化，不仅影响成品板强度，而且会出现鼓泡、分层等缺陷；如果时间过长，又会出现板面炭化等毛病。这段热压时间的长短，主要与热压温度及板坯厚度等因素有关。一般来说，热压温度高，热压时间可以缩短，板坯越厚，则热压时间越长。

6.1.4 板坯含水率

纤维板坯中的水分来源是纤维物料干燥后剩余的水分、胶黏剂中的水分、胶黏剂缩聚反应产生的水分。板坯中适量的水分有利于加快热量传递和纤维软化，从而影响热传递速度和热压的压力及时间。在相同的热压条件下，板坯含水率是影响产品性能的重要因素之一。纤维板坯在一定的温度、压力作用下，内部发生热量传递及胶黏剂固化，热量传递主要靠水分作介质来实现，水分在热量的作用下迅速气化形成蒸汽，促进木质成分的活化和氢键的形成，加快了胶黏剂的胶合反应，使胶快速固化。板坯中的水分可以增加纤维塑性和板坯的导热性，但过高的含水率，不仅要延长热压时间、降低生产率、增加热量消耗和成本，而且会使板坯内部蒸汽压力增大，造成纤维板出现分层、鼓泡现象，并会在板面形成水渍。反之，纤维含水率过低，不利于树脂对纤维的湿润和渗透，因此也影响胶合强度。一般要求板坯含水率在8%～12%之间。

板坯含水率太低，经预压后的纤维板坯反弹较大，使板坯自身强度较差，运输时易产生断裂、重叠，排气时易被吹裂；板坯含水率过低还会使纤维的可塑性和导热性变差，在热压过程中易产生预固化，降低了产品质量。反之，板坯含水率过高，在加热过程中会产生大量水蒸气，如果来不及排出，降压时纤维板易产生局部鼓泡或分层。特别对连续压机，由于生产是连续进行的，在压机入口处的板坯不断地受到压机内的板坯排出的热气影响，钢带运行速度越快、板坯越厚，受到的影响越大。因此，生产厚板时，板坯含水率不能过高。

6.1.5　热压工艺对板坯断面密度和预固化层的影响

在纤维板热压过程中，板坯表层直接接触高温的热压板，受热较快、物料塑性较好，同时水分挥发，胶黏剂发生缩聚反应，在压力作用下形成高密度层，而芯层受热不足，产生压缩阻力，压缩量减少，形成低密度层。离中心层的距离不等，受热和压缩情况也不同，由此出现了密度梯度。纤维板断面密度曲线是其厚度方向上的密度分布曲线，如图6-4所示，是以板的厚度方向为横坐标，各层对应处的密度为纵坐标所得的曲线。

纤维板断面密度分布与板材性能的关系如图6-5所示。通常，表芯层密度差较大时，板材的内结合强度较低，而静曲强度较高；但芯层密度过低，也会导致静曲强度下降。

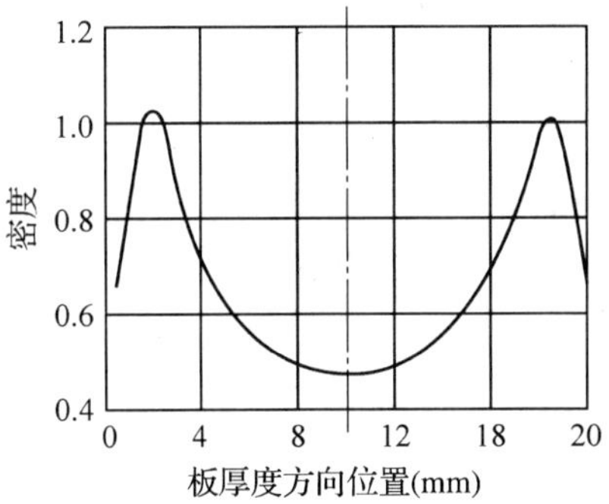

图6-4　纤维板断面密度曲线

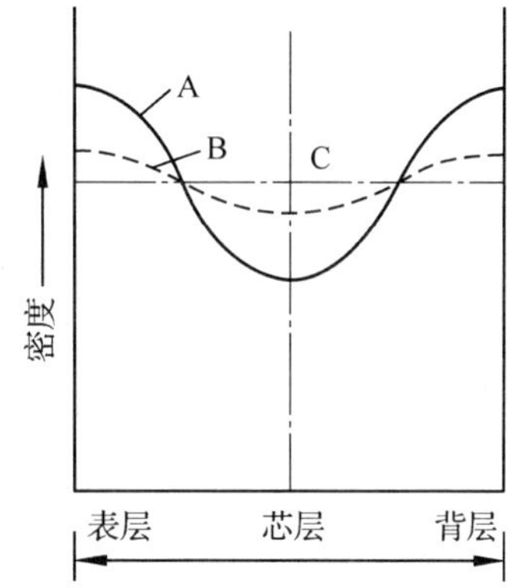

图6-5　板的断面密度分布

A、B. 密度相同两块制品　C. 平均密度

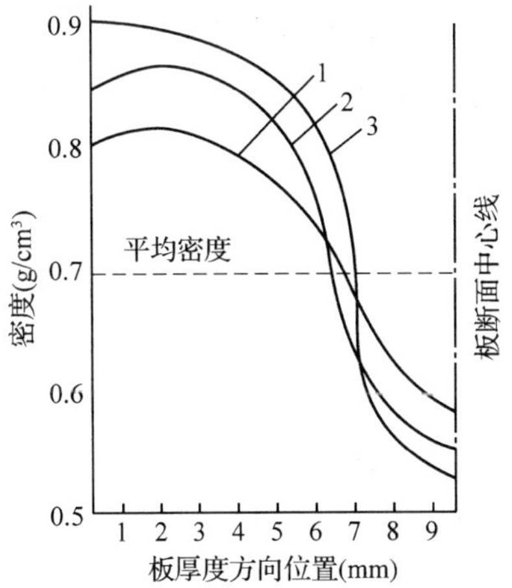

图6-6　板坯含水率对制品密度的影响

1. 表、芯层含水率10%　2. 含水率表层12%，芯层8%，平均10%　3. 含水率表层14%，芯层7%，平均10%

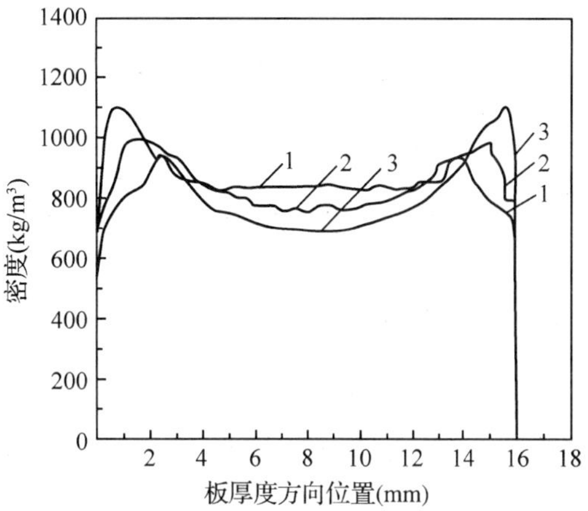

图6-7　不同闭合和升压速度与制品断面密度的关系

1. 耗时300s　2. 耗时170s　3. 耗时110s

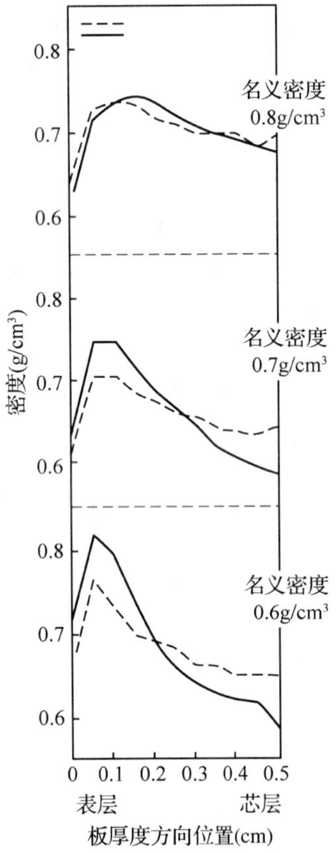

图 6-8　不同加热介质对板剖面密度的影响

- - - 高频加热　——热压板加热

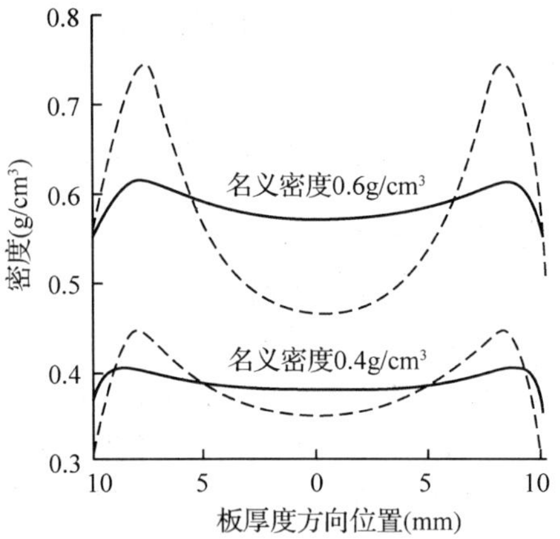

图 6-9　两种不同加热方式下板断面密度分布的比较

——喷蒸加热　- - - 热压板加热

影响预固化层厚度和断面密度分布的主要因素是板坯含水率（见图 6-6）、闭合速度和升压速度（见图 6-7）、热压温度和加热方式（见图 6-8 和图 6-9）。闭合速度和升压速度越慢，预固化层越厚。热压温度高，易产生预固化层。板坯含水率低，会增加预固化层厚度。施胶量低，也易增加预固化层厚度。

从纤维板断面密度曲线中，可以发现表面有一层低密度的区域。该区域的纤维胶合强度很低，需要通过砂光去除。纤维板表面密度低的原因是由于在热压过程中，当板坯在压板尚未闭合时已受到热的作用，表层物料的水分开始蒸发，部分胶黏剂缩聚固化，从而形成密度较低的疏松的预固化层。多层压机生产的产品预固化层厚度为0.5～1.0mm。

6.2　周期式热压工艺和设备

6.2.1　周期式热压工艺

周期式热压是指板坯采用在固定位置下受热、受压的方式，经历“装板—压板—卸板”三个阶段的周期式（间歇式）生产过程，其基本热压曲线如图 6-10 所示。

图 6-10 中各量含义如下：

t_1——装板时间；

t_2——压板闭合，至接触板坯，但板坯未受到压力；

t_3——压力从 0 上升到最大值；

t_4——最大压力保持时间；

t_5——各段保压时间，分为 t'_5、t''_5、t'''_5；

t_6——压力下降到 0 的降压时间；

t_7——压板张开时间；

t_8——卸板时间；

T——一个完整周期。

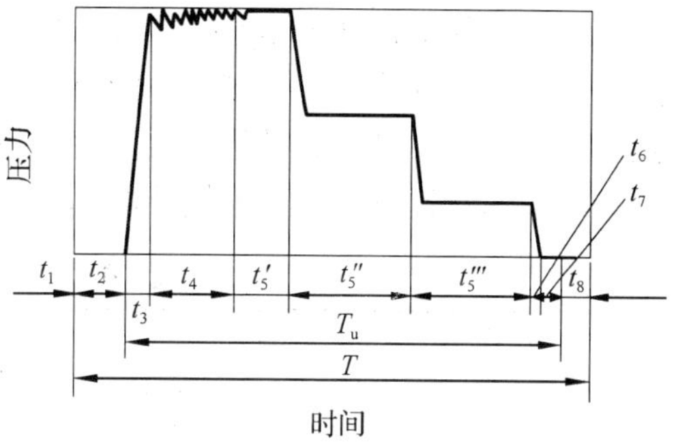

图 6-10 周期式热压曲线

周期式热压工艺主要有单层热压和多层热压两种。在热压过程中，纤维板坯主要经过受热不受压的压板闭合初始阶段、受热受压的胶黏剂基本固化中期阶段和低压受热的板坯排气末期阶段。在周期式热压过程中，由于产品种类、胶种、板坯含水率、产品厚度、幅面等的差异，其所采用的热压曲线和热压温度也不相同。一般板坯含水率要求控制在 15% 以下。对于高压段，当最高压力提高后，产品的各项物理力学性能有所改善，但过高的压力往往会造成断面表层密度大、芯层密度小的密度梯度；对于低压段，压力太高会造成水蒸气蒸发困难，从而延长热压周期，控制不好易出现水迹、鼓泡等缺陷，但压力过低，由于导热效率过低，同样要延长热压时间。热压温度主要由胶黏剂的种类、产品类型、原材料性质、设备性能等因素决定，一般单层压机的热压温度较多层压机高，且热压时间较短，单层压机一般使用快速固化胶。多层压机的热压方式是间歇式，当板坯由装板机装进热压机后，板坯在“受热不受压”的状态下停留短暂时间，板坯上下两表面尤其是下表面容易产生预固化层，所以要求压机闭合速度快，但速度过快容易在板坯表面形成气流，破坏板坯的表面结构。

6.2.2 周期式热压机的加热方式

(1) 接触加热

在接触加热的热压机中，采用的加热介质需要优良的热传导性能，常压下具有高沸点和低冷凝温度，优良的热稳定性，且不容易燃烧，无毒、无臭和具低腐蚀性，价格低廉。常用的加热介质主要有蒸汽、过热水和高温热油。根据纤维板热压温度的要求，饱和蒸汽压力一般在 1.0 ~ 1.6MPa，对加热系统的密封性要求较高；此外，饱和蒸汽会产生冷凝水和水垢，影响热传导效率。过热水的热容量远大于蒸汽，无冷凝水排放，热利用率高，但设备系统复杂，所含杂质易产生沉淀结垢，腐蚀加热系统。高温热油在低压下具高沸点，易于密封和防漏，热容量大，传热稳定，热效率高，但热油价格较高，可燃，易产生污染。不论采用何种热介质，对同一块热压板不同部位均要求温差较小，一般应小于 3℃，对于多层压机其热压板温差应小于 5℃。单纯的接触加热方式制约了产品的厚度，也就是说，单一的接触加热方式不适宜生产厚度较大的板材。因此，当生产厚度大于 35mm 的板材时，往往采用接触加热与高频加热相结合或与喷蒸加热相结合的方式。

(2) 高频加热

高频加热原理：介质材料置于高频电场中，分子方向每秒将变换 100 万次以上。在快速转动过程中，分子相互碰撞或摩擦，释放能量，使介质内部温度迅速上升。高频加热的特点是加热均匀，板坯内外同时受热升温，不易产生鼓泡和分层，加热速度快，加热速度与被加热材料的导热系数无关，板坯内外含水率一致，板材变形小。从表6-1可知，高频加热比热压板接触加热的热压时间显著降低。

表6-1 两种加热介质热压参数

项目或指标	名义密度(g/cm³)					
	0.608		0.704		0.800	
加热方式	热压板	高频	热压板	高频	热压板	高频
毛板含水率(%)	7.0	3.9	7.0	3.7	6.5	3.5
到达厚度规时间(s)	11	13	46	20	135	44
全部加压时间(s)	480	96	560	116	600	132

(3)喷蒸加热

喷蒸加热原理如图6-11所示。其特点是：在压机闭合后，饱和蒸汽从板坯的上下两面同时注入，快速提高板坯芯层温度，大大缩短了板坯中心层树脂固化时间。目前，单层压机采用该法较多。喷蒸加热可以显著缩短纤维板的热压时间，约为常规热压工艺时间的1/8～1/10。通过喷蒸加热，可以使纤维板断面密度分布均匀，预固化层薄，砂光量小，如16mm厚板材的砂光余量为1mm，50mm厚板材的砂光余量为1.8mm。喷蒸加热可以使纤维板热压的能耗降低，喷蒸加热所耗热能为常规加热的30%，液压系统所耗电能为相同产量多层压机的1/10。目前，UF胶和MDI胶人造板的喷蒸热压技术已经实现产业化，生产产品的厚度范围为8～100mm，密度为0.33～0.95g/cm³。

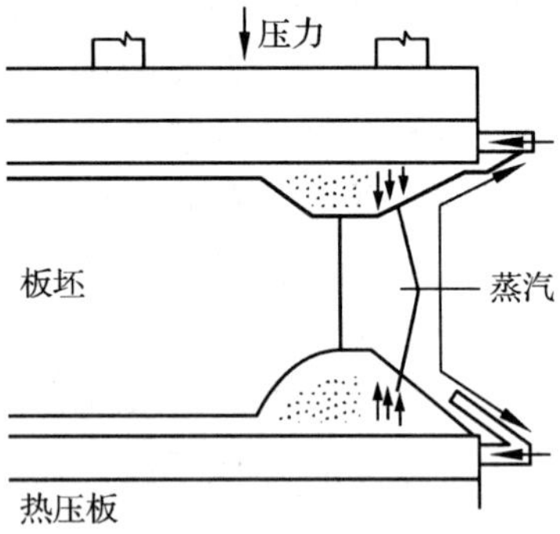

图6-11 蒸汽注入加热装置示意图

6.2.3 周期式热压机

周期式热压机是我国人造板行业应用最多的压机，包括周期式多层压机和周期式单层压机。板坯在加热和加压时是不动的，压机周期性地闭合、加压、卸压和张开。

(1)周期式单层热压机

单层压机系统一般包括热压机和铺装带传送系统两大部分，只有上下两套热压板，热压板由加热板、平衡板和框架构成，压板幅面较大，油缸数量较多，油缸柱塞直径也较大，并且包括压板和平衡板的两套加热系统。单层压机的特点是占地面积大，设备简单，维修维护方便；压机吨位大，周期产量较低，一般采用高温高压和快速固化胶的短周期热压工艺；单层热压机使用若干年后即出现热压变形，且它的主要部件钢带在热压冲击下容易变形。

周期式单层压机生产线的投资高于多层压机生产线，但低于连续式压机生产线。当投资者考虑到一条生产线要具备生产薄板、厚板多种功能时，对单层压机的结构特性应予以充分注意。单层压机的设备适应性强，在用于压制薄板时比多层压机更具有优越性，可将压板改进制成蒸汽喷射热压机，进一步缩短热压周期，特别适合压制 25 mm 以上的厚板。周期式单层平压机和多层平压机相比，单层平压的产品厚度公差小，表面预固化层薄，操作系统简单稳定，但占地面积大，压机总吨位高，产量比多层压机低。为了提高产量，常采用 190 ~200℃ 高温热压和大幅面热压板。

(2) 周期式多层热压机

多层压机系统一般包括热压机、装板机、卸板机三部分。压机总吨位小、幅面小，但压机本身结构复杂，并且要有同时闭合、厚度控制、装板、卸板等配套装置。多层压机种类繁多，性能各异，特点是产量大、占地面积少，但设备精度较差，且产品厚度公差大。特别当生产薄板时，产量下降幅度较大。

周期式多层压机的操作系统具有弹性，生产控制系统非常灵活，同时还可以适应特殊胶种较高固化温度的要求。它可以生产具耐水性的或室外用的中密度纤维板，对于常用厚度规格板都能有较大的生产量，投资较低。如果生产门面板等模压制品，则多层压机更为有利。但是，多层压机不适合生产 9 mm 以下的薄板。其产量高，适应性强，但成品厚度公差大；如无压板同时闭合机构，则预固化较严重；此外还需配置专门的垫板回送系统或无垫板板坯运输和装卸板系统。多层热压机的组成包括机体、同时闭合装置、装卸板机、液压系统、加热系统等(见图 6-12)。

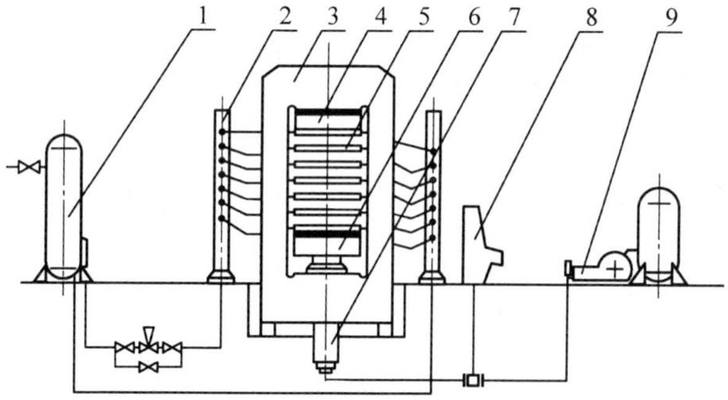

图 6-12　多层热压机的组成

1. 热源　2. 进汽　3. 机架　4. 上横梁　5. 热压板
6. 下横梁　7. 液压油缸　8. 控制台　9. 液压系统

同时闭合装置的作用是使多层压板的启闭时间一致，实现各层板坯预热、受力、加热、加压等热压工艺参数保持一致，从而保证产品质量。其结构形式有铰链式、拉杆式和塔轮式等类型。

拉杆式同时闭合机构由摆杆、推杆和拉杆等构成(见图 6-13)。工作时推杆的上下端分别通过铰链与摆杆和下横梁相连，当油缸柱塞推动下横梁上升时，通过推杆推动摆杆，使摆杆绕上端铰链轴心转动，各热压板便被拉起。摆杆转动到一定角度时，热压板同时闭合，使板坯加压。拉杆上端的补偿器用来调整拉杆的长度，以补偿热压板间距和各拉杆长度的误差。

装卸板机的作用是一次将多张板坯同时送入热压机，并可一次将已压制的板材同时从热压机中卸出，大幅度提高生产效率。装卸板机分为有垫板和无垫板两种类型。

有垫板装卸板机由机架、吊笼、吊笼升降装置和推拉板机构等组成（见图6-14）。卸板机和装板机结构基本相同，只是拉板与推板结构不同。装板工作时，吊笼处于最低位置，最上间隔对准装板辊台，待第一块带垫板的板坯进入最上间隔后，吊笼上升一格，如此反复，直到装满；需装板时，热压机张开，由推板器一次将全部带垫板的板坯送入。推板器退回，吊笼降到最低位置。

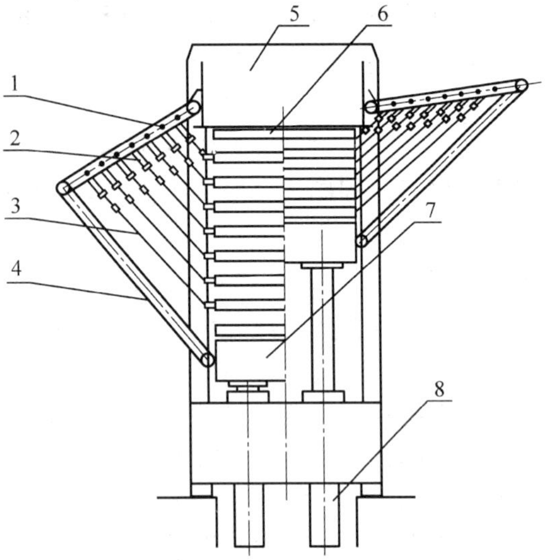

图6-13　具有同时闭合装置的多层热压机

1. 摆杆　2. 补偿器　3. 拉杆　4. 推杆　5. 机架　6. 热压板　7. 下横梁　8. 液压油缸

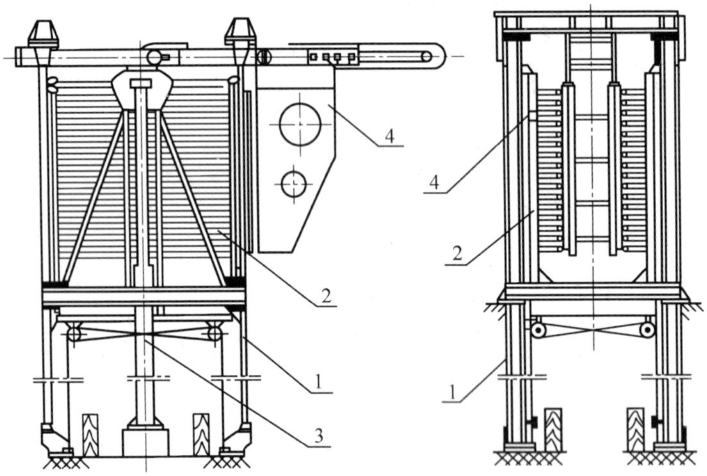

图6-14　有垫板式装卸板机

1. 机架　2. 吊笼　3. 吊笼升降装置　4. 推拉板机构

无垫板装卸板机由机架、吊笼、吊笼升降机构、搁板、推板和推拉板机组成（见图6-15）。与有垫板装卸板机的主要区别在于它的推板机构和装板机的各格上有可以移动的表面光滑的搁板。工作时吊笼下降时先装奇数层，吊笼上升时再装偶数层，待板坯全部装入吊笼后，压板张开，推板器将搁板和板坯推入压机，搁板前进同时将压好的刨花板顶到卸板机的吊笼间隔中。随后，推板架带着搁板退出，板坯留于压板上。固定在立杆上的挡板，用于挡住板坯端部（见图6-15中的位置Ⅰ、Ⅱ），防止退板器退出时拉出板坯。无垫板装卸板机的优点是占地面积小、结构简单，节省了垫板费用，消除了垫板厚度误差引起的刨花板厚度偏差，提高了表面质量，纤维板上下两面基本上保持热对称，减小了纤维板翘曲变形，不用垫板可减少热量损失。缺点是板坯要有一定的强度，否则板坯在装板过程中容易损坏，因而不适合于薄板生产(8mm 以下)。

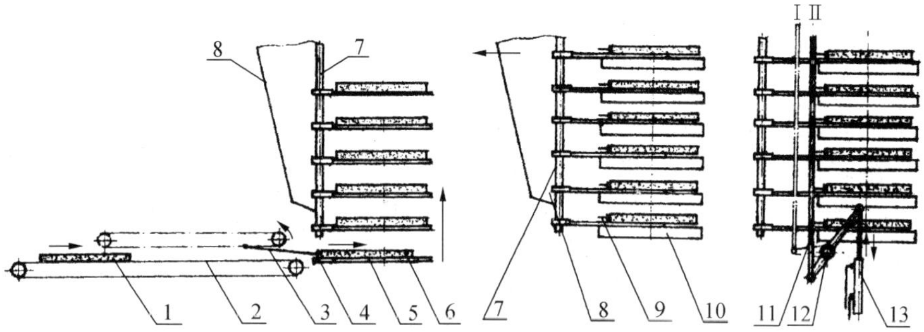

图 6-15　无垫板式装卸板机的装板和推板过程示意图

1、6. 板坯　2. 板坯输送带　3. 推杆　4. 搁板套环　5. 搁板
7. 套环立杆　8. 推板器　9. 挡板　10. 压板　11. 挡板立杆　12. 转轴　13. 油缸

6.3　连续式热压工艺和设备

6.3.1　连续式热压工艺

纤维板连续式热压工艺主要包括连续平压和连续辊压。连续平压的热压温度根据设备的条件可分为三段或四段循环温度，这与压机的预压段、加压段、定厚段的不同功能相一致。通常第一循环温度至第三或第四循环温度呈递减趋势，其温度在 180～220℃ 之间。生产较厚板或薄板时，也会超出此范围，高者达 230℃，低者仅 170℃。连续平压板坯的含水率一般高于连续辊压，与周期式热压工艺相近。板坯含水率一般在 9%～11%，夏季略高(10%～12%)，冬季偏低(9%～10%)，薄板略高于厚板。连续平压法生产 MDF 的热压曲线如图 6-16 所示，热压压力和压板间距变化如图 6-17 和图 6-18 所示。热压压力分为高压区、低压区和中压区，在压机出口处，压力逐渐降低至零。连续压机是先由上下一对钢带夹持板坯并连续通过压机，板坯在通过压机时，受不同压力和不同温度的共同作用，使板坯被压制成具有一定强度和厚度的板材，不存在板坯"受热不受压"的工艺状态，减少了板材表面预固化层的厚度，尤其是生产薄板时，产品表面无需砂光，降低了消耗。此外，连续压机采用了较先进的分段温度控制法，压机的各个框架开档可单独进行调整，改善了板材的断面密度分布，可生产出各种类型的 MDF 产品，满足客户对板材断面密度分布的不同要求，且产品质量高。

连续平压机的压力由压板下的液压油缸提供，油缸的行程是以钢带间隙为依据，由精度极高的计量轴控制，保证钢带具有预定的间隙。油缸施加的作用力是依据板坯的反弹力来确定的，必须保证把板坯压缩至一定的厚度。由于压机开档(压机上下两条钢带之间的间隙)的设置分为三个区域，所以热压压力按高低可以分为闭合、定厚和张开三个阶段：①高压区，在快速闭合段，由于压机开档陡然变小，预压后的板坯进入这个阶段时纤维之间的反弹力很大，所以需要很大的外力去克服。压力大小还与压机开档、制品密度、原材料及板坯含水率等有着密切联系，通常为 1.5 ~3.5MPa。②低压区，在张开段。因板坯经过快速闭合，在高温、高压的联合作用下，纤维迅速发生了塑性变化，进入张开段时板坯密度变小、板坯孔隙度上升，纤维间反弹力也变小，所以只需较低的压力来克服纤维之间的反弹力，也便于蒸汽顺利排出、改善板材的内在性能，此阶段压力通常在 1.0MPa 以下。③中压区，经过张开段后板坯进入定厚段，板坯将由原来大于成品的厚度向成品厚度靠拢，所以此时需要一定的外部压力来克服张开段造成的板坯膨胀。但板坯在热作用下纤维已产生很大塑化，所以需要的外力并不大，通常控制在 1.5MPa 以下。在靠近压机出口处，压力逐渐缩小至零。

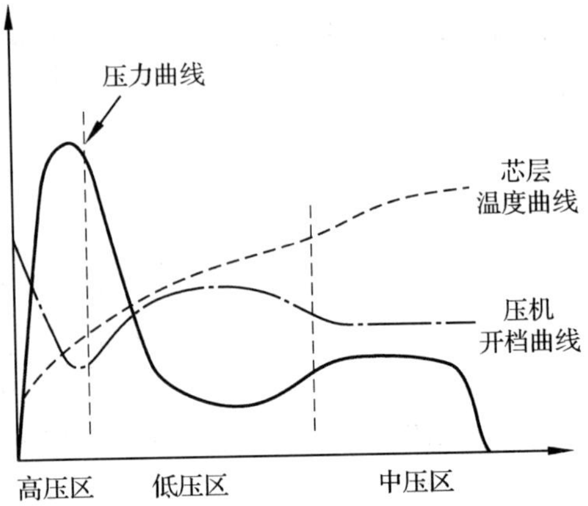

图 6-16 连续平压法生产 MDF 的热压曲线

连续压机可以根据板坯处在的不同区域阶段设定不同的温度，以达到最佳热压效

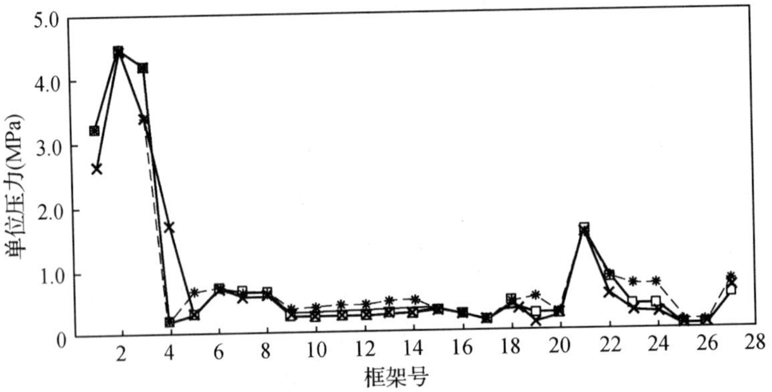

图 6-17 压制 19mm 厚板各框架的压力参数

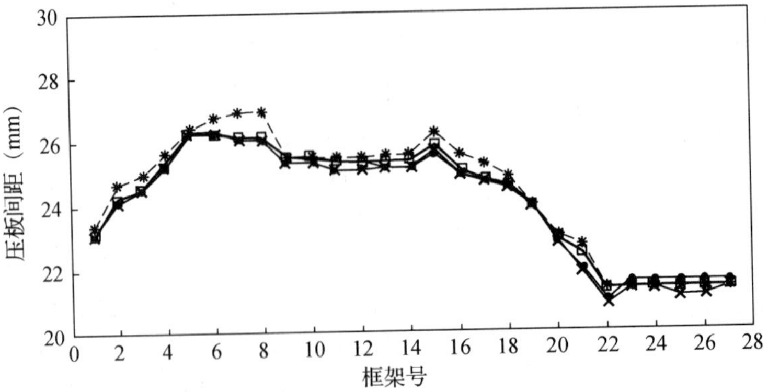

图 6-18 压制 19mm 厚板各框架的压板间距

果。根据设备条件，通常可分为三段或四段温度区，从入口温度开始逐渐递减。压机运行速度(m/min)为

$$v = (L \times 60)/(K \times B) \tag{6-2}$$

式中：L——压机长度(m)；

K——压制系数，取8～10s/mm；

B——毛板厚度(mm)。

压机运行速度涵盖了连续热压时间因素。连续热压不存在装卸板、闭合、升压及降压等辅助作业时间，因而热压时间远小于周期式热压方式。

6.3.2 连续式热压机

在纤维板生产中使用的连续式热压机，主要有连续式辊压机和连续式平压机。由于板坯在加热和加压时是连续运动的，因而此类压机具有产量高、占地面积小、板材厚度公差小、表面预固化层薄等优点。

(1)连续式辊压机

连续式辊压机主要特点是设备结构紧凑，占地面积小，投资较节省；产品长度不限，表面光洁，一般无需砂光；产品可以同时进行贴面等二次加工；生产5mm以下薄板，生产效率高，经济效益好。连续式辊压机由钢带、加热辊、加热压力辊、导向辊、张紧辊等主要部件组成(见图6-19)。加热辊筒表面由6～8mm厚的钢板制成，加热辊筒直径不同，所压制板厚规格也不同。连续式辊压机通过连续钢带和一对主加热、加压辊来实现其热压工艺过程。板坯由下传送带送入，经进料辊进入压机，由钢带把板坯压向热压辊筒，在热压辊和压力辊作用下，板坯固化成型。

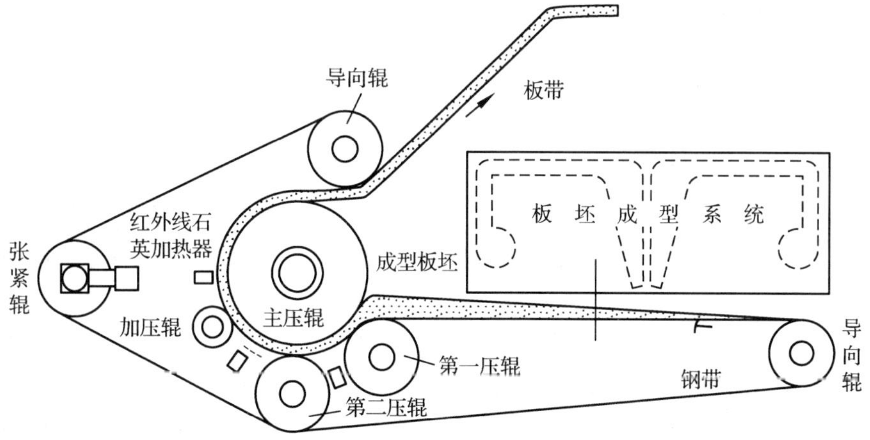

图6-19 连续式辊压机结构

辊压式生产的备料要求物料形态细小，目的是使产品密度高、强度大，产品可以不砂光。原料依次经过制备、湿料贮存、干燥、分选、精选、贮存、拌胶和加热等工序，然后进入辊压式连续热压机的铺装系统。湿料干燥后含水率为3%～4%，进入铺装系统时为9%～10%，树脂及其他附加材料约占全部材料量的5%～12%。铺装后的板坯，

由钢带将其运至辊压系统。传送钢带和直径较大的热压辊对板坯加压，传送钢带从张紧轴下面绕过，张紧力约 0.2MPa。钢带运转到辊压系统，由红外线加热器在下边加热。加热器的辐射温度高达600℃，能使钢带温度升至 120℃，并使前两个压辊之间温度相等。这样的加热器最多用 10 个，加热器总耗电量为 150kW。板坯在第一压辊和主压辊之间初压。压辊用油作介质加热到 180℃，热油在压辊内侧焊着的管道内循环。主热压辊的加热方式与压辊相同。热压辊面的温度约 150℃，压辊对板坯的线压力为 2700 N/cm。加压板坯的两面不得有温度差异。如果板坯两面的温度不等，会造成薄板向一面翘曲。

(2) 连续式平压机

连续式平压机主要有钢带滚子链型和钢带油膜型两种摩擦结构形式(见图 6-20)，以前者使用较多。其主要特点是：产品的板面平整，密度和厚度均匀；设备无辅助作业时间，生产率高；产品的裁边损失小，预固化层薄，原料消耗比间歇式热压减少15% ~ 20%；热压过程无启闭动作，热能利用经济，比间歇式热压节省 10% ~15%；压力、温度实现分段控制，产品质量稳定；无需装卸板机，减少占地面积 25% 和厂房高度 50%；设备投资高，结构复杂，维护保养费用高。

连续压机适合生产厚度为 2.5 ~38mm 的纤维板。实际上，压机运行的最大速度是有限的，热量传递时间随板厚的增加而延长。因此生产中，压机运行最大速度和热传递延长加压时间这两个因素必须相互协调至最佳状态，否则就会影响压机生产线的工作效率。对于要求温度高、固化慢的树脂胶来说，不适合采用连续压机生产。连续式压机生产的板子，其宽度受限，长度可根据要求而变换。连续辊压工艺的出现，限制或减少了产品中的预固化，然而翘曲、密度和厚度偏差等问题的存在，仍是生产高质量 MDF 板的一大障碍。连续平压式生产线的优点是可以消除纤维板的翘曲，精确控制板的厚度，从而提高产品质量。

钢带滚链式连续平压机的主要部件有滚子链、钢带、热压板、机架等，滚子链是其特有的关键部件。在热平板和钢带之间，装有很多圆柱形小辊，从而使钢带在热平板上的运动为滚动摩擦。此类压机结构为框架式，两条无端环状钢带与上下热平板间有许多辊子，辊子直径 18 mm，辊间距离 2 mm，排列紧密，所以辊子的受力不大；钢带厚度为 2 mm。整个热压板上的温度和钢带上的压力分成几个区段，一般温度范围为 160 ~ 200℃，最大压力通常为 2.5 ~ 3.5MPa，低压区段 1.0MPa，热压时间按板厚为 11 ~ 13s/mm。板的厚度由微机控制，通过调节油缸的液压系统实现；板的厚度公差一般可控制在 ±0.15mm 以内。此类热压机的长度为 14 ~23m，宽度为 1850 ~2450mm，生产能力为 220 ~550m^3/d。连续板坯由运输带送入，连续压机带有角度可调的进料口，在驱动辊和张紧辊上下运行的钢带的带动下，板坯进入压机，加压受热。

连续式钢带油膜型热压机是在热压板与钢带之间输入油，形成油层，从而产生滑动摩擦。预压后的板坯随钢带进入压机，上、下压板间的进入端有 3° ~5°的进入角。热压板对钢带产生压力，并作用到板坯上，沿上、下热压板的沟槽系统供给 180 ~220℃ 的高温油，使上、下热压板与上、下钢带之间形成油膜，减少了摩擦与磨损，并通过加热钢带对板坯加热，油在此起加热与润滑的双重作用。液压油缸按高、中、低三个不同

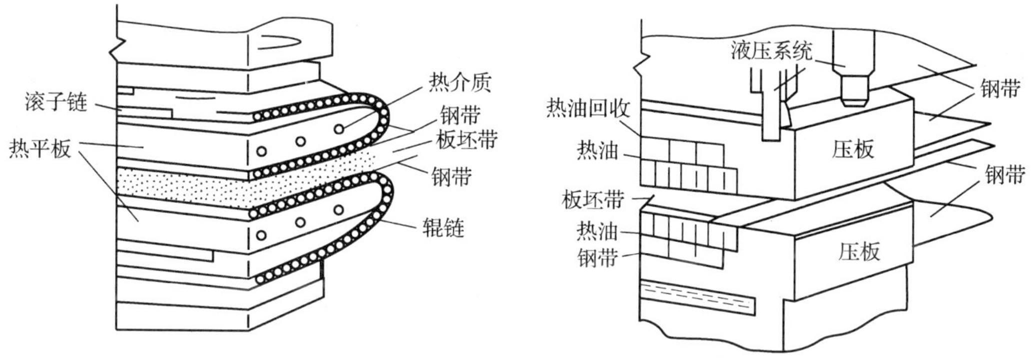

(a) 钢带滚子链型　　(b) 钢带油膜型

图6-20　两种连续摩擦结构形式

压力区段配置，油温以低、最高、次高、低、最低的顺序安排；热压板的后1/3要比前2/3的厚度薄且具有挠性，在此部分安置的许多小型油缸起调节压力的作用。在连续压机出板处安装有非接触型的厚度测定仪，将板材厚度转变成脉冲信号送至小型油缸，小型油缸通过信号的强弱调整油压，从而保证板的厚度偏差在±0.15mm以内。设备宽度可选择范围为1220～3050mm，长度范围为13 000～26 000mm；最高工作压力为4MPa；钢带速度为5～90m/min；有高频预热时的热压时间为5s/mm，无高频预压时为10～12s/mm；板厚度范围为3.2～40mm，最大可达60mm。由于厚度偏差小，薄板可不砂光；厚板如需砂光，双边砂光量也仅为0.6mm左右。

连续钢带油膜型压机与连续钢带滚子链型压机相比，结构较简单，设备故障少，成本较低，热油既作热载体又起润滑作用，所以传热效果较好。

本章小结

热压是纤维板生产中最重要的工序之一，它对于纤维板的产量、质量、生产效率和成本都有决定性的影响。周期式纤维板热压主要有单层和多层压机的两种热压工艺。连续式纤维板热压工艺，主要包括连续平压和连续辊压的压机所采用的两种热压工艺。

思考题

1. 纤维板生产的热压温度如何控制？
2. 纤维板生产的热压曲线分为几个阶段？
3. 两种纤维板周期式热压工艺各有何特点？
4. 连续平压的纤维板热压工艺需要如何控制？
5. 连续辊压的纤维板热压工艺与连续平压有何区别？

第7章

后期处理

本章重点介绍了热压后纤维板的冷却处理、调湿处理、锯裁与砂光、降醛处理等后期处理工艺，介绍了纤维板产品出厂前需要进行的质量检验分等。

7.1 冷却处理

纤维板完成热压工序后，从压机中卸出板材的表芯层温度之间，以及表芯层含水率之间，均存在较大的差异。表层温度明显高于芯层温度，而表层含水率明显低于芯层含水率，使板材内部应力分布不均匀，容易引起板材的胀缩变化，造成板材的翘曲变形；过高的残余温度还会引起脲醛树脂降解老化，影响板材的力学性能。因此，干法纤维板热压后，需要进行冷却处理。通过冷却可以较快地降低纤维板表芯层的温度梯度和含水率梯度，缓解板内的残余应力，减少板材的翘曲变形；冷却还有利于降低板材的游离甲醛释放量，因为热压后的纤维板内部空气压力常常高于大气压力，借助压力差和通风设施，可以使板子内外之间的空气流动，使板子内部呈游离状态的甲醛散发到大气中。

通常，干法中高密度纤维板生产采用散置冷却方式，通过轮式翻板冷却运输机或称扇形冷却机(见图7-1)、星形冷却架，使板材有足够时间散置在大气中，逐渐减少其表芯层温度梯度和含水率梯度。轮式翻板冷却运输机的主体结构为可转动360°的摇臂扇架，前后有滚台运输机，每次输送一块板材，扇架转动360°/n，即转动一格，n为转架可放置的板材块数，每转动一格，就有一块完成冷却的板材被运送到出料滚台运输机上。

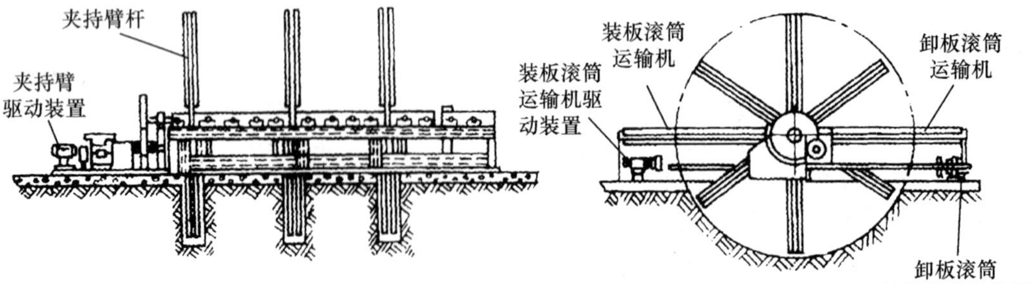

图7-1 轮式翻板冷却运输机结构示意图

另外一种冷却方式是堆放冷却，板材离开压机后立即进行堆垛，然后任其自然降温。采用酚醛树脂为胶黏剂的纤维板和湿法纤维板生产，可以采取堆放冷却，因为堆放过程可以促进酚醛树脂胶黏剂进一步固化。而对于脲醛树脂的纤维板，采取堆放冷却会使板材的物理力学性能下降。

图7-2所示为堆放冷却和经散置冷却处理的两种中密度纤维板的堆垛内部温度变化情况。从图中可以看出，经52h堆垛后，堆放冷却的纤维板内部温度从75℃升至85℃，再降至67℃，而经散置冷却处理的板材内部温度缓升至67℃后持续下降至40℃。堆放冷却的板材板面颜色加深，内结合强度下降了1/3，翘曲变形严重，而经散置冷却处理的板材却没有出现上述现象。

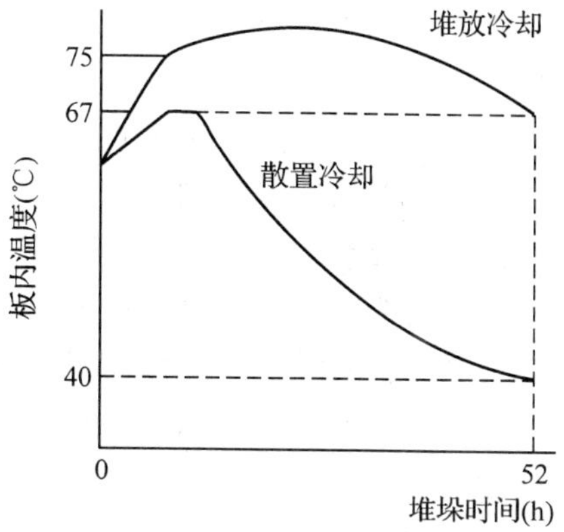

图7-2　堆垛时间与板材内部温度变化的关系

7.2　调湿处理

经冷却处理后的纤维板，与大气接触会吸收空气中的水分。这种自然吸湿过程需要较长时间，才能和大气湿度相平衡。在自然吸湿过程中，由于纤维板的幅面大，冷却处理后的纤维板残余含水率梯度造成了纤维板本身的各部位吸湿程度不均一，在各个方向所产生的内应力也不同。由于这些不均衡的应力相互作用的影响，导致纤维板发生翘曲和变形。对纤维板做调湿处理，有助于防范这种后果。

干法纤维板进行调湿处理时，应控制好板材的堆垛，要保持平整叠放、四角整齐，顶部放一平坦的重块，以防板材变形。干法纤维板生产采取的调湿处理工艺，通常采用自然堆放和处理室调湿两种方法：

①自然堆放调湿处理：将冷却后的干法纤维板堆垛，放置在保持一定温度的贮存区堆放。初始时板材表层含水率为2%～3%，芯层含水率为6%～7%，堆放2～3天后，纤维板内的水分逐渐均匀分布，并与大气中的湿度趋于平衡。在自然堆放调湿处理时，贮存区要避免日光照射，避免过分通风和潮湿等不利条件。

②处理室调湿处理：将冷却后的干法纤维板放入一定温度和湿度条件下的处理室中调湿，处理时间随板材厚度增加而延长，一般持续5～6h后，纤维板内的水分逐渐与处理室中的湿度趋于平衡，处理结束时板材的含水率达到7%～8%。处理室内空气保持循环，处理室温度可以取70～80℃，相对湿度取75%～90%。

湿法纤维板调湿处理，通常采用人工加速增湿的方法，以使纤维板尽快达到与大气湿度相平衡，这样既提高了纤维板的稳定性，也缩短了处理时间，相应地提高了生产效率。纤维板的调湿设备及相应方法基本上分为两大类型，一类是用调湿处理室（有间歇式和连续式），另一类是用强制连续式辊筒增湿机。后者设备简单，占地面积小，并能达到预期增湿处理的效果，一般多采用这种类型。增湿的工艺根据纤维板的制造方法和性能、所加入胶黏剂和药剂的种类、地区的不同、调湿处理的条件及程度等情况，应有所差别。

湿法纤维板调湿处理可以采取如下增湿工艺：

①增湿的温度（调湿室内部温度）：调湿室内部温度为 40 ~ 60℃较好。采用强制式增湿机，板温在 80℃ 时其增湿效果最好。水温要保持在 10 ~ 20℃ 。如果温度超过上述条件，会造成纤维板的板面膨胀，影响板的外观和性能。

②增湿的湿度（调湿室内部湿度）：一般相对湿度控制在 80% ~ 90%，调湿时间为 4 ~ 8h。在调湿室内湿度过饱和状态下进行调湿，会使纤维板面出现水痕污点和导致板面膨胀的缺陷。

③用调湿室进行增湿处理，在一定温度下，增温的速度是随湿度增加而加快的。

④强制连续式辊筒增湿机由几对压辊所组成。前组压辊可使水（喷淋或下辊浸入水槽中带水）落在纤维板表面上，再经后组压辊加压，使水分强制浸入板内。调节压辊压力的大小，可控制水分浸入纤维板内的增湿量。压力越大，水分浸入越多。

⑤在增湿过程中，由于纤维板在调湿室内长时间增湿，会放出部分有机酸气体，使水槽中储水和凝结水滴的 pH 值降至 3.8 ~ 4.3 而呈强酸性，将对调湿室的金属结构产生腐蚀作用。因此，在选择设备材料时，要考虑其耐酸性能，或在设备部件上涂以耐酸、耐热和耐水的涂料。另外也可以采取在水槽中加入碳酸钠或无定形胺的办法来中和酸性，但采用无定形胺会使纤维板颜色变黄。

7.3　锯裁与砂光

7.3.1　锯　裁

热压后纤维板毛板的长宽尺寸都比板材的额定长宽尺寸多出一部分，供齐边时裁切，称为裁边余量。通常中密度纤维板的裁边余量为 40 ~ 60mm。纤维板裁边（又称齐边）目的是将板材四个边的疏松部分去除，用锐利的切削工具把板材长宽尺寸加工至规定的要求。裁边时，必须保证板材长宽对边平行，四角呈直角。裁切后的板材边部应平直密实，不允许出现松边、裂边、塌边、缺角或焦边现象。中密度纤维板的尺寸偏差应符合 GB/T 11718—2009 要求（见表 7-1）。

表 7-1　中密度纤维板尺寸偏差要求

性能指标		单 位	公称厚度范围	
			≤12mm	>12mm
厚度偏差	不砂光板	mm	−0.30 ~ +1.50	−0.50 ~ +1.70
	砂光板	mm	±0.20	±0.30
长度与宽度偏差		mm / m	±2.0	
垂直度公差		mm / m	<2.0	

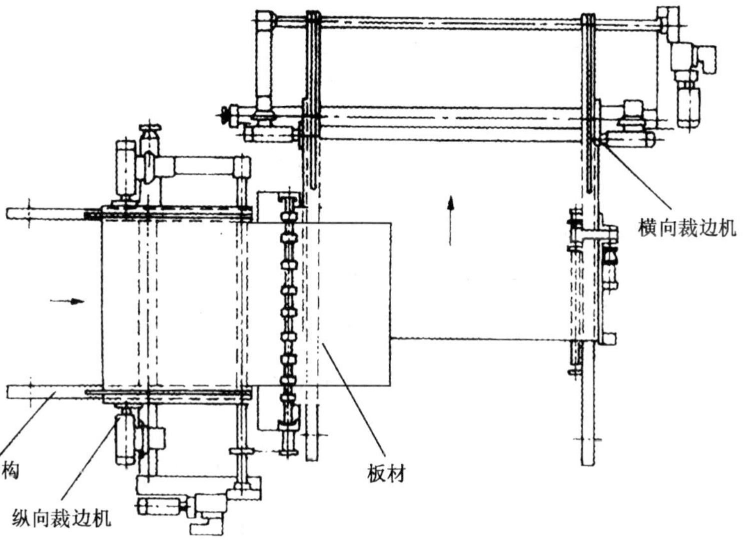

图7-3　纵横联合裁边机结构

裁边机的类型主要包括以下几类。

(1) 纵横联合裁边机

纵横联合裁边机的结构如图7-3所示，它是由纵向裁边机、横向裁边机和运输机布置成直角型的联合裁边机，这种配置方式主要用于单块1.3m×2.5m幅面板材的纵横裁边。

(2)裁边-剖分组合式裁边机

纤维板生产中，常常采用特殊幅面的压机，如板宽2.44m或板长度成1.22m倍数的超长、超宽压机。在所有单层压机和少数多层压机中，均会出现这种情况。在上述生产线中，裁边与整板剖分是同时进行的。如使用1.3m×17.3m规格的超长单层压机，裁边时一次可剖分七块1.22m×2.44m幅面的板材。如果是2.6m宽幅压机制板生产线，也需要借助裁边-剖分组合式裁边机将大幅面毛边板分割成标准幅面板材。如果需生产非标准幅面的板材，也可通过调整剖分机构的有关参数来实现。

(3)纵向固定齐边横向移动式剖分机组

这种结构型式，主要适用于连续式热压机。在用连续式压机热压时，板材呈带状连续运行，板材的宽度尺寸可以用一组固定锯片确定，板材的长度尺寸通过横向切割机来确定。为保证切割后的板材为矩形，剖分装置采用切割刀具移动方式(见图7-4)。在大多数连续式压机生产线上，制造薄板时板带运输速度较快，通常安装有两台移动式剖分机。

裁边质量的优劣在很大程度上取决于切割刀具。除了必须保持刀具锋利外，更多的是要选择合理的刀具材料和刀刃参数。切削刀具包括无齿刀具和有齿刀具两大类：

①无齿刀具：有割刀和滚刀两种，主要切割厚度小于6mm的薄板。双轴滚刀裁边机的结构如图7-5所示，无齿切割的优点在于无粉屑、无噪声和低功率，但裁边不如有

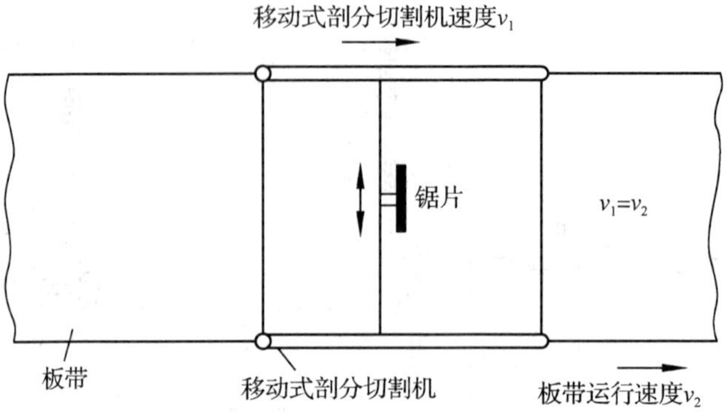

图 7-4 移动式剖分机

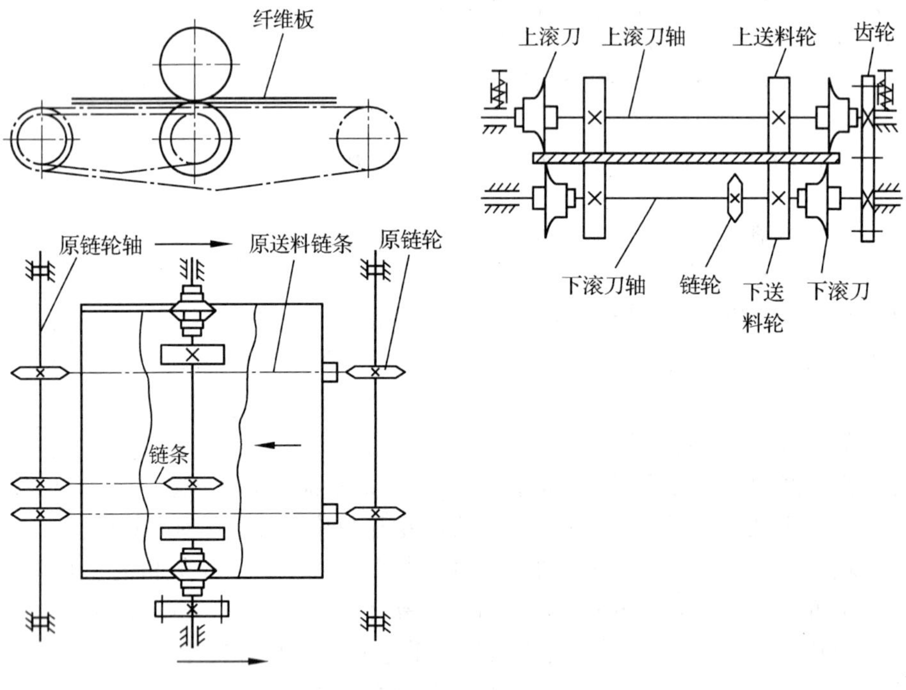

图 7-5 双轴滚刀裁边机的结构

齿切割那样密实，且板材切割厚度也受到一定限制。

②有齿刀具：主要指圆锯片，分单锯片和组合锯片两种类型，前者仅具有切割功能，后者除可切割齐边外，还具有将切割边条再度打碎回用的功能。打碎装置包括打碎铣刀结构和打碎锯片结构两种型式。组合锯片的结构如图 7-6 所示，组合锯片主要用于板子长度和宽度方向的裁边，裁边废料被再加工成碎料后，通常送往能源车间作为燃料，也可以送入原料料仓重复用于制板。

有齿圆锯片根据所切割的对象不同(包括纤维板密度和厚度、纵向或横向切割、胶黏剂等因素)而采用不同的直径、齿形及齿数。为了保证锯路整齐、锯边光滑，且保证锯齿有尽可能长的工作寿命，通常在锯齿上镶有硬质合金。

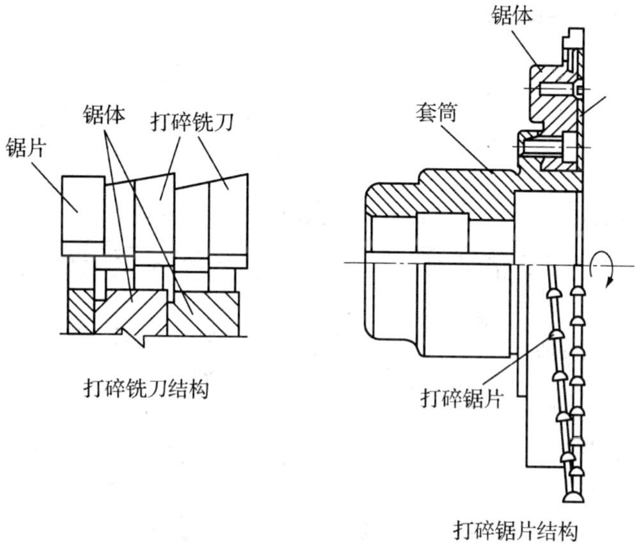

图7-6 组合锯片结构

7.3.2 砂 光

为了降低或消除板内和板间误差，提高纤维板的尺寸精度、表面平直度和光洁程度，为进一步修饰提供良好的表面质量，纤维板表面需要进行砂光。宽带式砂光机是常用的砂光设备，其最大特点是砂削工作面为套在辊筒上的封闭循环砂带，散热条件较好，进料速度快，生产率高，机床操作简便，砂带更换方便，砂削质量好，砂削量可超过0.5mm。宽带式砂光机一般成组配套使用，常把上下两个砂带同时装在一台机床上做成双面宽带砂光机，可一次同时完成纤维板上下两个表面的砂光。砂光机的工作头多一些为佳。双砂架双面宽带砂光机由机架、传动机构、进给机构、砂带架、刷尘辊和调整机构等组成(见图7-7)，其中机架为钢板焊接结构，分上机架和下机架两部分，借助液压系统可以升降上机架而改变上下砂带之间的间隙，以适应不同厚度板材的砂光。传动机构依靠直流电动机通过三角带带动九组涡轮传动副，然后再带动安装于下机架上的九个包覆有橡胶层的进料辊筒，进给速度可在0～30m/min之间无级调速，在每个进给辊筒的正上方于上机架上安装有九个压紧辊，其直径与进给辊相同，但不包覆橡胶层，二者组成进给机构。砂带架为砂削机构，由四个砂架组成，前两个为粗砂架，上下对称布置，后两个为细砂架，前后错开布置。上粗砂砂带架由主动辊、砂带辊、砂带张紧装置、支架和砂带调偏装置等组成。主动辊由75kW电动机经联轴节直接带动，使砂带回转，砂光辊的位置可用手轮微调。张紧装置由气缸驱动，并作轻微轴向游动以防止砂带跑偏和在板面上产生沟痕。主动辊、砂光辊和压紧辊呈三角形布置。上粗砂砂带架呈侧三角形布置，与下粗砂砂带架对称。细砂架由主动辊、支撑辊、石墨压带架和压紧辊组成，呈三角形布置。刷尘辊安装在出板处，有一对，用于刷除板子两表面的残留粉尘。调整机构用于调整上下机架之间的间隙，由砂光机两端的四个液压油缸组成。缸体与下机架相连，柱塞杆与上机架相连，据此可以根据需要改变上下机架的间隙。

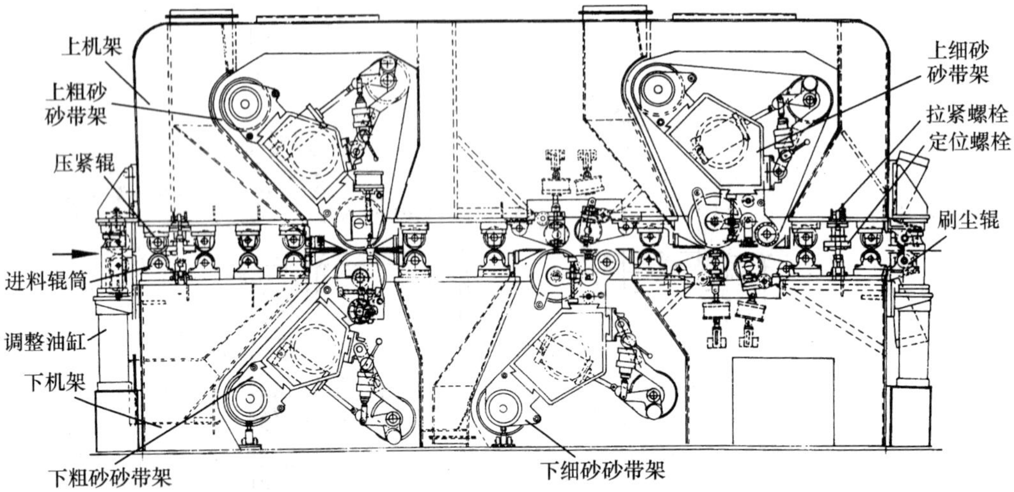

图 7-7 双砂架双面宽带砂光机结构

随着涂附磨具生产技术的飞速发展，砂带磨削已完成从简单的加工向强力磨削（重磨削）、高精度和高粗糙度磨削加工的转变。砂带是由单一粒度号组成的磨具，且基本粒（相同直径的磨粒）比较集中，具有切削效率高、相同粒度粗糙度一致的特征。也正是由于这种特征，决定了一条砂带不可能完成从粗磨到精磨的任务，只有通过不同粒度的组合，逐步降低粗糙度才能达到要求。这就需要进行多道砂光，多头砂光机因此应运而生。在磨削过程中，砂带在压力作用下，发生四个不同的过程：挤压—滑擦—耕犁—切削。

①挤压：磨料挤进工件表面。

②滑擦：切入材料，实际上产生了切除材料的弹性和塑性变形。

③耕犁：磨粒引起工件材料的塑性流动，使材料产生一种挤压式的运动而从磨粒下方向前和两侧挤出，同时切除少量材料。

④切削：在滑动磨粒的前方产生断裂而形成切屑，有相当快的切除率。

砂带分为布质砂带和纸质砂带两种，它是用特殊方法将金刚石砂粒粘结在基材上而做成的一种磨削材料，用目数来表示其砂削特性。砂削分为三段，即粗砂、细砂和精砂，通常中密度纤维板采用的砂带粒度为：粗砂 40 ~ 60 目/英寸；细砂 60 ~ 80 目/英寸；精砂 100 ~ 120 目/英寸。

普通砂带是一种单层磨料的磨具，每种粒度的砂带其最大切除量取决于磨粒裸露部分的高度和磨粒与磨粒之间的空隙，一般把裸露高度称为可能切削深度，把磨粒之间的空隙称为可能容屑空间。不论是静电植砂还是重力植砂的砂带，如果切除量大于每种砂带粒度的允许切削深度和容屑空间，磨粒只能在耕犁条件下工作，磨粒的高度完全切入工件，没有吐屑的空间，因此，就无法形成真正的切削。长时间在耕犁条件下工作的磨粒，与工件形成高压摩擦，产生高温，高温将去除的少量材料逐步焊接塞满容屑空间，最后完全堵塞导致砂带失去磨削能力而报废。磨粒越粗、允许切削深度和容屑空间越大，切削能力越强；反之磨粒越细、允许切削深度和容屑空间越小，切削能力越弱。

220目以上细的砂带基本上失去切削能力，只起修饰作用。如用细粒度的砂带做大余量的切削工作，不仅造成细粒度的砂带消耗大，还会因此消耗更多石墨布和毛毡垫，导致砂光后的板材厚度偏差增加，表面的光滑程度下降，生产成本上升；同时失去切削能力的砂带与工件高速摩擦，会产生高温和高压静电，从而埋下着火和尘爆的隐患。

砂带磨削的基本原理，是同样粒度磨料的砂带、同样的磨削压力、恒定的进给速度，可以获得恒定的去除量。但实际去除量要小于设定的去除量，这是因为砂带磨削是弹性磨削的缘故，弹性磨削的特性，决定了实际去除量要小于理论值。同样粒度磨料的砂带、同样的磨削压力，单位时间内的去除率基本恒定。

砂带用的磨料是专用磨料，为P制系列磨粒砂。P制系列磨粒砂按长轴方向的直径微米尺寸大小排序编号。数字越小，表示的尺寸越大，相对应的粒度越粗；数字越大，表示的尺寸越小，相对应的粒度越细。粒度越粗，去除率越高，粒度越细，去除率越低。认识砂带粒度还有一个重要的环节，即每种粒度基本粒的含量，通俗地讲就是每种粒度中个头同样大小的磨料占的百分比。基本粒的含量越高，等高性越好，接触面上同时参与磨削的数量越多，因而去除力越强，耐用度越高，表面粗糙度一致性越好。国际上有关磨料分等的三个标准体系，即CAMI、FEPA和J1S标准。CAMI(被覆磨料生产商协会)创始于北美(美洲标准)，FEPA(欧洲磨料生产商联合会)起源于欧洲(欧洲标准)，JIS为日本工业标准。这些分等标准体系彼此之间略有差异，一个标准体系的某一个数值，相对于其他标准而言，经常是不对应的(见表7-2)。FEPA标准中，磨料产品用“P”作为标示，如P-120；南美、北美的产品没有标识“P”，则为CAMI标准的磨料产品；而日本磨料产品一般采用JIS标准，除非用字母“P”进行标示。

表7-2　三大标准体系的磨料等级划分关系

CAMI (目)	平均直径		FEPA (目/P等级)	JIS (目)	CAMI (目)	平均直径		FEPA (目/P等级)	JIS (目)
	in	μm				in	μm		
	0.000 047	1.2		8000	600	0.000 630	16.0		
	0.000 087	2.2		6000		0.000 720	18.3	1000	
	0.000 118	3.0		4000		0.000 748	19.0		800
	0.000 213	5.4		3000	500	0.000 776	19.7		
1200	0.000 256	6.5				0.000 858	21.8	800	
	0.002 260	6.6		2500	400	0.000 929	23.6		
	0.000 335	8.5		2000		0.001 016	25.8	600	
1000	0.000 362	9.2				0.001 024	26.0		600
	0.000 417	10.6		1500	360	0.001 134	28.8		
800	0.000 480	12.2				0.001 181	30.0		500
	0.000 492	12.5		1200		0.001 189	30.2	500	
	0.000 591	15.0		1000		0.001 378	35.0	400	400
	0.000 602	15.3	1200		320	0.001 417	36.0		

（续）

CAMI（目）	平均直径		FEPA（目/P 等级）	JIS（目）	CAMI（目）	平均直径		FEPA（目/P 等级）	JIS（目）
	in	μm				in	μm		
	0. 001 575	40. 0		360		0. 010 315	262	60	
	0. 001 594	40. 5	360		60	0. 010 472	266		
280	0. 001 732	44. 0				0. 010 787	274		60
	0. 001 819	46. 2	320			0. 012 756	324		50
	0. 001 969	50. 0		280		0. 012 913	328	50	
240	0. 002 055	52. 2	280		50	0. 013 425	341		
	0. 002 106	53. 5				0. 015 157	385		40
	0. 002 146	54. 5		240		0. 016 220	412	40	
	0. 002 303	58. 5	240		40	0. 017 992	457		
	0. 002 362	60. 0		220		0. 020 591	523	36	
220	0. 002 520	64. 0			36	0. 021 102	536		
	0. 002 598	66. 0	220			0. 021 260	540		36
	0. 002 913	74		180		0. 024 646	626	30	
180	0. 003 110	79	180			0. 025 315	643		30
	0. 003 465	88		150	30	0. 025 433	646		
150	0. 003 740	95			24	0. 028 779	731		
	0. 003 858	98	150			0. 029 252	743	24	
	0. 004 331	110		120		0. 030 236	768		24
120	0. 004 449	113			20	0. 034 882	886		
	0. 004 803	122	120			0. 038 307	973	20	
	0. 005 157	131		100		0. 038 740	984		20
100	0. 005 354	136				0. 048 740	1238		16
	0. 006 181	157	100			0. 508 66	1292	16	
80	0. 007 441	189		80	16	0. 050 905	1293		
	0. 007 717	196	80						

注：从表中可了解到 CAMI、FEPA 和 JIS 标准之间有关磨料等级划分的明显区别。磨料粒度很大时，其等级差异很小；磨料粒度很小时则有较大的等级差异。

7.4 降醛处理

在纤维板的后期处理过程中，可以采取措施降低纤维板甲醛释放量。用氨对人造板作后期处理，可以显著降低人造板的甲醛释放量。在处理过程中，氨和人造板中游离甲醛起化学反应，生成比较稳定的化合物六次甲基四胺：

$$6CH_2O + 4NH_3 \longrightarrow C_6H_{12}N_4 + 6H_2O$$

氨和游离甲醛反应，使板的 pH 值向碱性方向变化。氨处理可以采用一个密闭的处理室，用氨对人造板喷薰，可使人造板甲醛释放量下降，但此法处理量少并有剩余氨气，后者也是污染源。有一种改进方法是用三个处理室串连，对人造板作三级处理：第一室为吸收室，用35℃的氨气喷入室内，人造板吸收氨气；第二室是脱吸室，用鼓风机吹净室内及附于板面的氨气；第三室是固定室，使留在板内的游离氨和甲醛生成甲酸铵。甲酸铵和树脂水解后的甲醛结合，增加了氨处理对降低甲醛释放量的作用。甲醛释放量降低的程度，取决于人造板在吸收室内与氨接触的时间、板的密度和厚度、处理前的人造板的甲醛释放量等因素。

在FD-EX法中(见图7-8)，吸收室作35℃氨气处理，脱吸室用鼓风机吹净室内与板面的氨气，固定室让游离氨与甲酸反应生成甲酸铵，继而与甲醛结合。

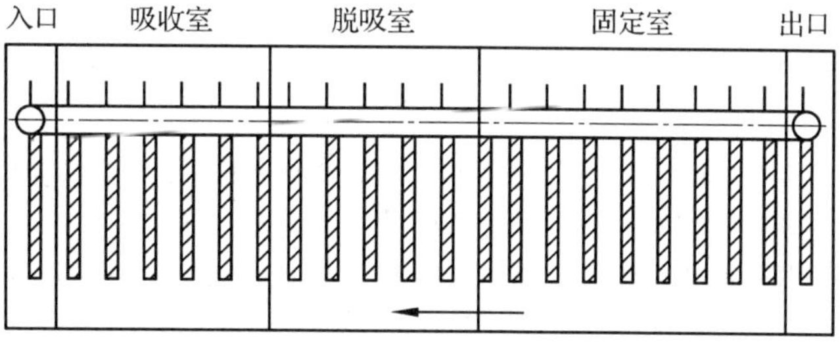

图7-8　FD-EX氨处理工艺

在RYAB法中(见图7-9)，上罩内导入氨气或氨与空气的混合气体，下罩内抽吸为真空。处理后，可使甲醛释放量降低57%～71%。

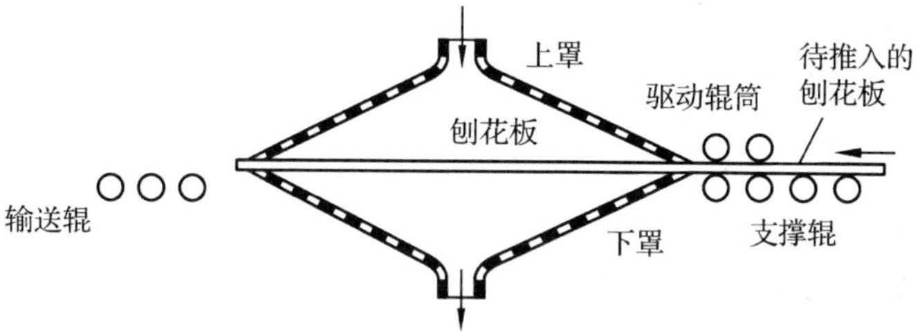

图7-9　RYAB氨处理工艺

另外一种降醛处理的方法，是用尿素和释放胺的化合物来处理，尿素和甲醛发生化学反应，尿素水溶液在热分离时，尤其是在酸性条件下生成铵离子，铵离子与甲醛生成六次甲基四胺。纤维板在成板后尚未冷却时，用热的尿素溶液喷洒板材表面(每1L水中加入100g尿素，每m^2板材喷洒400g溶液)，板材甲醛释放量约降低30%～50%。

通过在纤维板表面贴纸、薄木、PVC薄膜、三聚氰胺浸渍纸，或涂饰涂料进行封闭处理，也可以有效地降低纤维板中游离甲醛释放量。

7.5　检验分等

纤维板出厂前，需要进行质量检验分等，检验项目和检验方法等应按有关国标规定进行。主要检验纤维板外观质量、厚度、密度、平整性、幅面尺寸、对角线误差、静曲强度、平面抗拉强度、弹性模量、握钉力、含水率、厚度与线膨胀率、板面结合强度等。检验方式可采用采样检查，采样的批量与数量，可根据生产质量的稳定性而定。

中密度纤维板产品的检验类型可以分为两种：

一是出厂检验，包括以下项目：①外观质量检验；②规格尺寸检量；③物理性能测定；④力学性能测定，包括静曲强度、平面抗拉强度、正面握螺钉力。

二是形式检验，当有下列情况之一时，即应进行形式检验：①当原辅材料及生产工艺发生较大变动时；②长期停产恢复生产时；③正常生产时，每年检验不少于四次。形式检验除了包括出厂检验的全部项目外，增加以下项目：①力学性能测定，包括弹性模量、侧面握螺钉力；②板内甲醛释放量测定。

本章小结

热压后对干法纤维板作冷却处理，可以较快地降低纤维板表芯层的温度梯度和含水率梯度，缓解板内的残余应力，减少脲醛树脂降解老化和板材的翘曲变形。干法纤维板生产采取的调湿处理工艺，通常包括自然堆放和处理室调湿两种。纤维板裁边可以将板材四个边的疏松部分去除，使板材长宽尺寸达到规定的要求。纤维板表面砂光提高了板材的尺寸精度、表面平直度及光洁程度。在纤维板的后期处理过程中，可以采取措施降低纤维板的甲醛释放量。纤维板出厂前应按有关规定进行质量检验分等。

思考题

1. 热压后的纤维板冷却处理的目的是什么？
2. 干法纤维板生产采取的调湿处理有哪几种方式？
3. 纤维板裁边有哪些要求？
4. 为什么要对纤维板进行表面砂光？
5. 采取什么措施可以降低纤维板甲醛释放量？
6. 纤维板出厂前的检验项目和检验方法有哪些规定？

第 8 章 其他纤维板

本章介绍了无胶纤维板的胶合机理和制板工艺方面的一些研究成果，就干法无胶纤维板的生产工艺的影响因素进行了较详细的论述。分别介绍了棉秆纤维板、竹材纤维板、蔗渣纤维板、稻麦秸秆纤维板等非木材纤维板的原料特点和常规工艺，并介绍了浸渍纸饰面纤维板的分类、主要原料及技术要求、制造工艺。

传统的纤维板是以木材纤维为原料，并使用脲醛树脂胶或酚醛树脂胶等胶黏剂胶合而成的板材，其产品存在着环保性差(产品在不同程度上散发甲醛、苯酚等有害气体)，原料受局限，有耐潮性、耐热性、表面装饰性差等问题。本章针对上述问题的解决方向，介绍无胶纤维板、非木材纤维板及浸渍纸饰面纤维板。

8.1 无胶纤维板

无胶纤维板是以木材或其他植物纤维为原料，经过纤维分离、干燥、成型，并通过专门的工艺技术不外加胶黏剂热压而制成的板材或型材。过去使用的湿法纤维板工艺是一种典型的无胶纤维板生产方法，但由于它存在水体污染严重、生产效率低、产品结构不对称等诸多问题，已基本上被淘汰。目前，国内外对无胶纤维板的攻关是其干法制造工艺。

从理论上讲，无胶纤维板技术可以从根本上解决现有纤维板的甲醛污染问题，但国内外的不少研究成果只停留在实验室，尚无法转化为生产力，其原因是这些研究成果在生产线上没有可操作性或没有经济价值。因此，作为无胶纤维板新技术，只有当其在现有常规纤维板生产线上能够顺利进行工业化生产，且其产品成本低廉、性能良好，才有工业化价值。本章只对干法无胶纤维板生产作简要介绍。

8.1.1 无胶纤维板胶合机理

在干法无胶纤维板制造工艺的热磨和热压过程中，植物纤维的化学成分有明显变化，并有水溶性的游离糠醛产生。这表明在热压制板过程中，纤维已具有了胶黏作用的条件。

糠醛的树脂化过程是较为复杂的，Ellis 等人曾提出如下聚合机理：

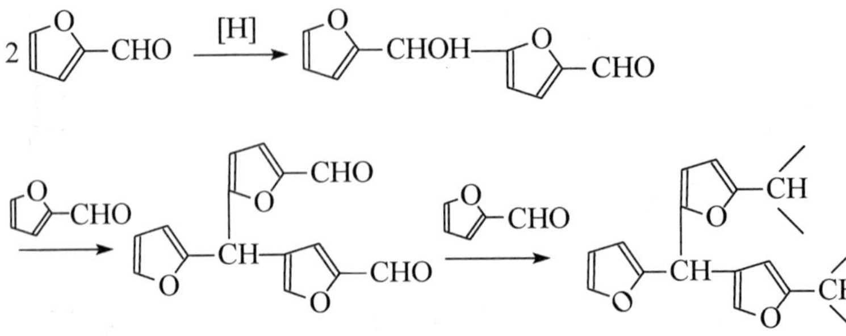

糠醛还可以经氢化作用生成糠醇：

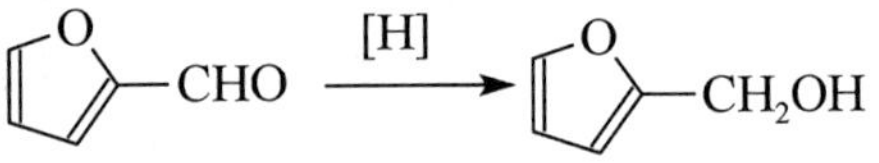

Schmitt 等人的研究指出，糠醇在酸性介质中首先生成糠醇和二糠基醚低聚物。这些线性聚合物进一步聚合形成液态热塑性树脂，且在酸性条件下横向交联，形成耐热不溶性树脂：

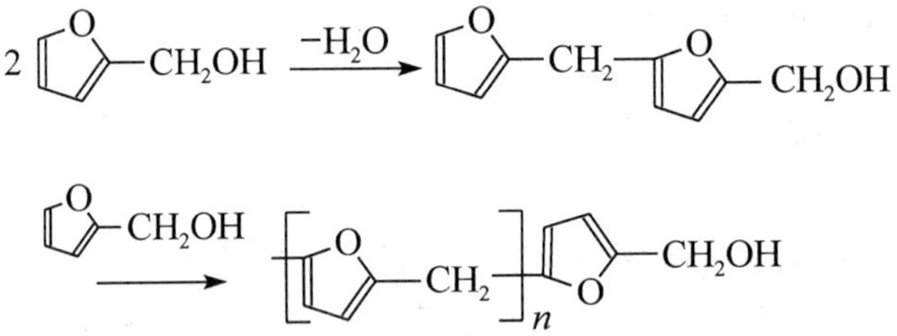

聚5-糠基-2-糠醇

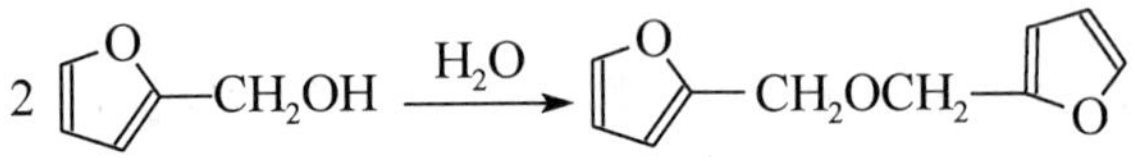

二糠醇醚

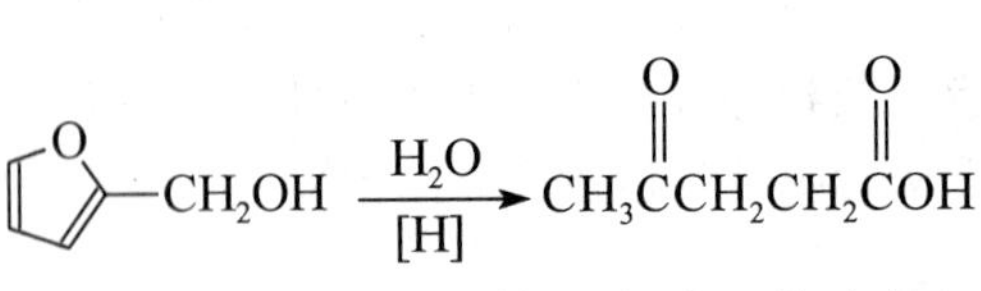

以上反应产物经交联聚合可形成如下结构的大分子化合物：

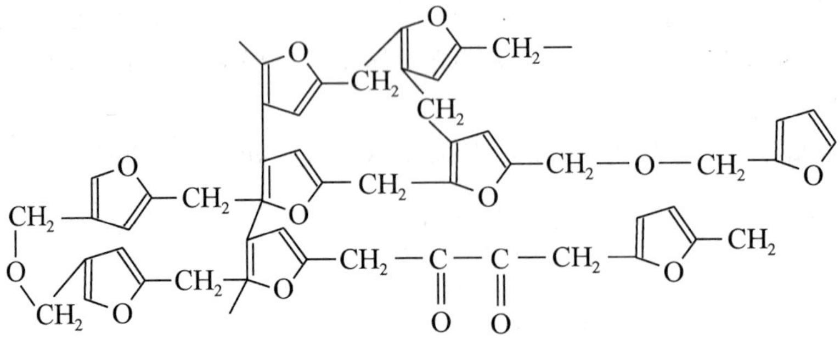

糠醇也可以与木材中的木质素等多酚类物质发生反应，生成具有良好耐水性的酚－呋喃树脂。木材水解过程中，葡萄糖转化生成的5－羟甲基－2－糠醛，在适当条件下分子之间也可以发生类似的聚合反应，生成耐水的聚合物。

糠醛和5－羟甲基－2－糠醛还可以与木质素在高温及催化条件下发生反应。由于空间位阻的减小，热磨和热压后小分子木质素更易与糠醛类化合物缩合形成酚醛类树脂：

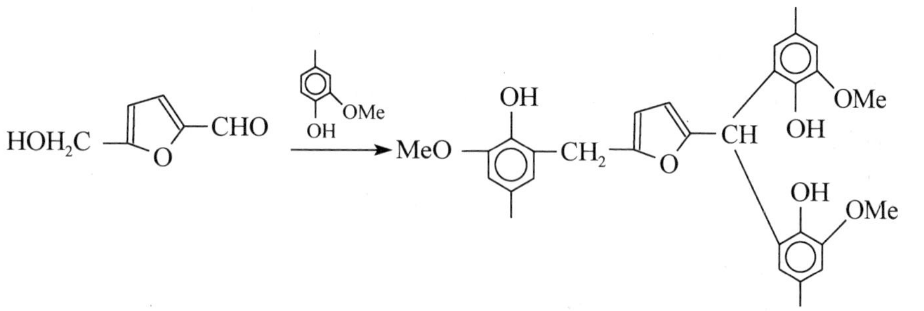

由于热磨和热压过程中，纤维素基环间甙键的断裂增加了基环上醛基和活性羟基的数量，这对提高纤维间氢键的结合是有利的。因此，除上述化学结合作用及物理机械结合作用外，还存在着分子间范德华力和氢键等因素的作用。所以要充分揭示干法无胶木纤维板粘合机理，仍需作大量深入的工作。

8.1.2 无胶纤维板的研制

（1）材料

无胶纤维板研制的材料组成如下：

①木材纤维：采用在纤维板生产线热磨系统中经过活化、防水处理的木材纤维，其滤水度为16s。

②活化剂：自配的无胶复合液。

③防水剂：石蜡。

（2）试验方法

反复试验筛选出几种化学药剂，并按一定比例和专门的工艺复合成活化剂溶液。活化剂采用了纤维分离前和纤维分离后两种施加方法。结果表明：活化剂的两种施加方法都可以实现制造无胶纤维板，但因为后者需要纤维在热压机中活化，故对板坯含水率要求高达18%以上，从而热压时间比前者长一倍以上。因此，本研究最后采用前一个施加方法，具体研究方法如下：

①在中密度纤维板生产线上，将活化剂在热磨系统中以不同用量添加于木片上进行热磨，分离成纤维并进行干燥，并在实验室先进行活化剂施加量对产品性能的影响试验，以确定活化剂的最佳施加量。

②在上述研究基础上，以板坯中心层温度、热压压力、热压温度、板坯含水率等四个参数为影响因子进行正交试验，确定较优制板工艺，根据较优工艺和各因素与板材性能的关系，进行综合分析，优化制板工艺；以优化制板工艺进行若干次重复试验，验证

其工艺产品的可靠性和稳定性；最后以此工艺在中密度纤维板生产线上进行生产试验，根据试验结果调整工艺参数，确定无胶纤维板的生产工艺。

③无胶纤维板的成板效果及性能与板坯中心层温度有密切关系。所以本试验以中心层温度代替热压时间(热压时间以达到设定中心层温度的时间来确定)。热压过程中中心层温度的测定方法：在实验室和纤维板生产线上，都采用热电偶测定离板坯一端中心位置 5cm 处的中心层温度。

④板坯的铺装与预压方法：在实验室中采用框内尺寸为 35cm × 35cm 的铺装框，用手工方式进行铺装和预压。

⑤根据前期工作经验，为了解决由于无胶纤维板密度高而排气难、易出现鼓泡的问题，对板坯上下分别添加双层排气网(内层细网，外层粗网)，并按一段式热压曲线进行热压，以防止板坯在热压过程中出现鼓泡、分层等现象，并缩短热压周期、提高产品质量。

(3)试验结果与分析

按照已确定的活化剂较佳施加量，在 MDF 生产线上将原料热磨分离后进行干燥，得到试验用纤维。以板坯含水率、热压压力、热压温度、板坯中心层温度为影响因素，在实验室中进行设定密度为 1.0g/cm^3、设定板厚为 8mm 的无胶纤维板正交实验。

试验采用 $L_9(3^4)$ 正交表，其试验因子与水平见表 8-1。同一试验条件重复两次。

表 8-1　试验因子水平表

水平	板坯含水率(%)	热压压力(MPa)	热压温度(℃)	板坯中心层温度(℃)
1	5.0	2.0	160	120
2	10.0	2.5	180	130
3	15.0	3.0	200	140

正交试验结果见表 8-2、表 8-3 表示无胶纤维板正交试验极差分析情况。表 8-3 说明：四项物理力学性能都随板坯含水率的增加而大幅度增强；当含水率为 15% 时，四项物理力学性能最优。

表 8-2　无胶纤维板正交试验结果

试样编号	因素				试验结果			
	纤维含水率	热压压力	热压温度	板坯中心层温度	MOR (MPa)	MOE (MPa)	IB (MPa)	TS (%)
1-1*	1	1	1	1	5.35	972	0.106	19.06
1-2					5.60	1071	0.077	19.38
2-1	1	2	2	2	7.80	1338	0.089	16.85
2-2					7.75	1531	0.089	18.19
3-1	1	3	3	3	10.35	2182	0.148	14.34
3-2					9.45	1913	0.103	12.62
4-1	2	1	2	3	17.30	2732	0.199	10.70
4-2					19.96	2866	0.290	11.28

（续）

试样编号	因素				试验结果			
	纤维含水率	热压压力	热压温度	板坯中心层温度	MOR (MPa)	MOE (MPa)	IB (MPa)	TS (%)
5-1	2	2	3	1	19.40	2790	0.371	17.23
5-2					20.50	3610	0.415	17.82
6-1	2	3	1	2	20.75	3186	0.294	21.40
6-2					20.50	2992	0.208	20.16
7-1	3	1	3	2	23.90	3300	1.344	9.23
7-2					23.75	3202	0.960	9.47
8-1	3	2	1	3	26.80	3533	1.158	10.43
8-2					26.25	3539	1.057	12.72
9-1	3	3	2	1	27.45	3738	1.130	19.45
9-2					30.75	3851	1.093	16.81

* 1-1　表示第 1 次热压时板的编号为 1，以下同。

表 8-3　无胶纤维板正交试验极差分析

性能指标	水平	板坯含水率	热压压力	热压温度	板坯中心层温度	均值
MOR(MPa)	K1j	7.72	15.98	17.54	18.18	17.98
	K2j	19.74	18.08	18.50	17.41	
	K3j	26.48	19.88	17.89	18.35	
	Rj	18.77	3.90	0.96	0.94	
MOE(MPa)	K1j	1501	2357	2549	2672	2686
	K2j	3029	2724	2676	2592	
	K3j	3527	2977	2833	2794	
	Rj	2026	620	284	203	
IB(MPa)	K1j	0.102	0.496	0.483	0.532	0.51
	K2j	0.296	0.522	0.482	0.497	
	K3j	1.124	0.496	0.557	0.493	
	Rj	1.022	0.026	0.075	0.040	
TS(%)	K1j	42.09	38.86	38.23	45.96	38.98
	K2j	40.98	43.31	38.77	39.72	
	K3j	32.56	43.67	33.64	29.95	
	Rj	9.53	4.81	4.58	16.02	

MOR 和 MOE 随热压压力的增大有增强趋势，IB 受热压压力增大的影响小，当热压压力为 2.5MPa 时，IB 比热压压力 2.0MPa 和 3.0MPa 时高一些，但变化极小。而 TS 随热压压力增大而增大，当热压压力从 2.0MPa 上升到 2.5MPa 时 TS 明显增大，但当热压压力从 2.5MPa 上升到 3.0MPa 时，TS 增幅甚微。当热压压力为 3.0MPa 时，无胶纤维板的物理力学性能相对优。

MOR、MOE、IB 随热压温度的增大而变化甚微，TS 随热压温度的增大而变小，且当热压温度从 60℃上升到 180℃时，TS 的减小幅度极小，但当热压温度从 180℃上升到 200℃时，TS 的减小幅度很大。当热压温度为 200℃时，无胶纤维板的物理力学性能相对优。

MOR、MOE、IB 随板坯中心层温度的增大而变化甚微，TS 随板坯中心层温度的增大而变小，且当板坯中心层温度从 120℃上升到 140℃时，TS 直线降低。当芯层温度为 140℃(热压时间 400s)时，无胶纤维板的物理力学性能相对优。

根据试验结果并在产品性能允许范围内尽量缩短热压时间的原则下，选择出无胶纤维板的优化制板工艺参数如下：板坯含水率为 10%，热压压力为 3.0MPa，热压温度为 200℃，板坯中心层温度为 140℃(热压时间 400s)。

(4)优化工艺的重复性试验

按无胶纤维板的较佳制板工艺参数，在实验室中压制 10 张密度为 1.0g/cm³、厚 8mm 的无胶纤维板，试验结果见表 8-4。从表 8-4 中可看出，无胶纤维板性能测试结果的变异系数均不超过 0.3，说明在实验室采用较佳工艺制造的无胶纤维板性能稳定，并达到了国家标准 GB/T 11718—1999 关于中密度纤维板优等品的指标要求。

表 8-4 无胶纤维板最优方案重复试验结果

次 序	实测板厚(mm)	SG(g/cm³)	MC(%)	MOR(MPa)	MOE(MPa)	IB(MPa)	TS(%)
1	8.13	1.03	4.36	28.50	3718	1.10	16.04
2	8.47	1.06	4.36	31.60	3561	1.14	14.20
3	8.23	1.09	4.38	30.55	4373	1.59	9.64
4	8.29	1.07	4.33	29.64	4166	1.05	8.96
5	8.14	1.05	4.43	28.42	3957	1.14	16.37
6	8.16	1.05	4.36	32.85	4150	1.11	14.56
7	8.24	1.06	4.39	30.22	4863	1.11	10.00
8	8.22	1.03	4.46	28.66	3884	1.02	12.54
9	8.00	1.05	4.68	32.14	4255	1.08	7.94
10	7.89	1.07	4.57	34.12	3840	1.31	10.90
平均值	8.18	1.06	4.43	30.67	4077	1.17	12.11
变异系数	0.019	0.018	0.025	0.064	0.092	0.114	0.251

(5)工业化生产试验

与现有的中密度纤维板生产工艺流程相比，无胶纤维板生产工艺流程取消了施加胶黏剂工序，同时在热磨系统上增加了施加活化剂工序，其余都基本相同，其生产工艺流程如图 8-1 所示。

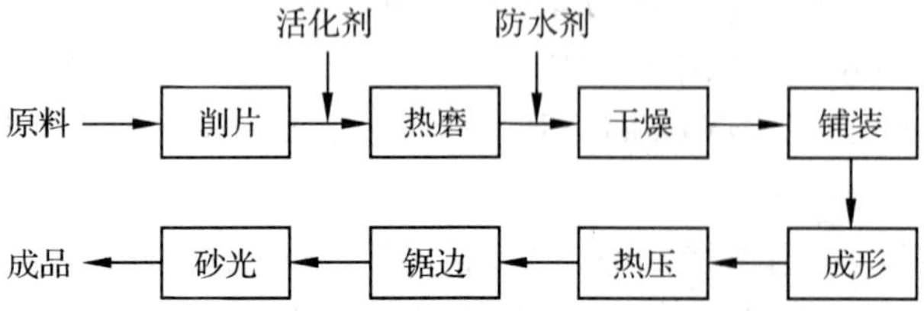

图 8-1 干法无胶纤维板生产工艺流程

在实验室制板工艺试验中优化的制板工艺，在年生产能力 3 万 m^3 的中密度纤维板生产线上进行产品厚度分别为 8.0mm 和 10.0mm 的无胶纤维板的生产试验，其工艺操作简便，生产顺利，产品性能良好，热压时间分别为 4min 和 5.2min。表 8-5 所列为工业化生产试验产品性能测试结果。从表 8-5 和表 8-4 可见，利用优化工艺进行工业化生产，产品性能指标比实验室制造的高，且两种厚度的产品性能均达到 LY/T 1611—2003 普通型地板基材用纤维板指标要求。

表 8-5 无胶纤维板工业化生产试验性能测试结果

板厚(mm)	密度(g/cm^3)	MOR(MPa)	MOE(MPa)	IB(MPa)	TS(%)	甲醛释放量(mg/100g)
8.0	1.01	42.0	4460	1.3	7.0	0.5
10.0	1.01	43.0	4260	1.3	9.0	0.3

8.1.3 影响干法无胶纤维板生产工艺的因素

(1)原料

原料种类对无胶纤维板制板工艺影响很大。因此，对不同的原料要采用相应的工艺措施，否则无法实现生产无胶纤维板的目的。

纤维板的原料分为木本植物与草本植物两大类。它们的生物组织结构差别很大，直接影响着无胶技术的生产工艺、产品性能和设备的相应要求。纤维板的木本原料主要采用速生小径材、间伐材、枝丫材和木材加工剩余物。除加工剩余物的树皮含量没有或较少外，其他原料的树皮含量比例都很高。树皮对纤维板的质量有一定的影响。

树皮具有如下特征：包裹树木的木质部分外侧的全部组织称为树皮，是树木的保护层，可粗放地分为外层和内层。外层是死细胞，具有防腐和防虫蛀的功能，其中纤维素含量很低、木质素含量很高，它在纤维分离过程中容易变成粉尘；内层属于韧皮部，是活细胞，其功能是向树木顶端输送养分。割断内层树木会死亡，而割断外层没有影响。内层占整个树皮的比例较小。就整个树皮占木材的体积比而言，径级越小，树皮所占比例越高，一般在 10% ~18%(针叶树材)。但树种不同，树皮的厚度不一样，有的很薄，有的很厚。总之，树皮对纤维板质量不利，在原料进入纤维分离工序之前，应采取去皮措施，除去全部或大部分树皮。

能制作无胶纤维板的草本植物原料有如下特征：其秆茎大部分都含有髓心，这是一些薄壁细胞，属于非纤维细胞，是体积大而疏松的组织。髓心经机械加工极易成为粉末状，若掺合到纤维板中，会影响产品质量。另外除麻类秆茎和棉秆以外，其他可用原料的秆茎表面都含有光滑的“蜡质层”(主要成分是 SiO_2)，这是很难处理的物质，因为 SiO_2 的化学性质非常稳定，除 F_2 气体、FH 和浓 NaOH 可以溶解它外，其他如 O_2、Cl_2 气体甚至 H_2SO_4、HCl、HNO_3 等强酸对它都不起作用。草本植物原料通过热磨机分离成纤维，使蜡层高度分散。因为蜡层占整个原料的比例毕竟很小，纤维化以后可以减小其对纤维之间结合力的影响。

总的来说，因有蜡层的存在以及本身化学成分中的纤维性质等因素，草本植物原料所制成的无胶纤维板的物理力学性能都次于木本原料制造的无胶纤维板。

作为无胶纤维板原料，无论木本植物还是草本植物，由于其种类繁多、原料性质各异，故对不同原料应采取不同的工艺措施。如多数草本原料切出的碎料体积都比较蓬松，热磨机的进料螺旋就要使用相应的压缩比。

(2) 纤维分离与干燥

因为无胶纤维板生产新工艺在木片热磨分离前加入活化剂，所以经热磨分离后的纤维浆料中含有一些已失效的活化剂化学成分。如果所用生产线为专用的无胶纤维板生产线，应该将从热磨机出来的湿纤维和废蒸汽（水蒸气和已失效的活化剂混合气体），通过旋风分离器进行分离，只让湿纤维进入干燥管道。这样就在干燥管道中蒸发湿纤维中的水分，并可避免废蒸汽的冷凝水消耗热量的现象，从而减少能源消耗、缩短干燥时间，大大降低干燥成本。同时从浆料中预先排除失效的活化剂，可以消除浆料在干燥过程中对管道产生的某些负作用。

无胶技术对纤维含水率的要求非常严格，故干燥机需要具有快速调控纤维含水率的功能。现有干燥管道的送风机其风量是固定的，所以在纤维干燥过程中调控纤维含水率既慢又困难。若采用调速电动机控制风量和风速，则纤维含水率可随意迅速调整。

无胶技术所用的不同复合液的化学成分和使用浓度都是不一样的，而且对其使用有先后顺序要求，不能混合加入。一部分加入热磨机的预热缸，另一部分则直接注入干燥管。

目前大多数纤维板生产线，都使用蒸汽锅炉和导热油锅炉联合的双热源进行供热，这种供热方法是合理的。无胶技术要求高温热压，因此更需要采用双热源进行供热，这样才能满足工艺要求。

之所以采用双热源供热，是因为热磨机分离纤维必须用蒸汽，但如果生产线全部采用单一蒸汽供热，当热压时要求高温，则必须选用高参数蒸汽锅炉，使其供热系统复杂且投资多，还随时要注意操作的安全性，同时还难以回收蒸汽余热，提高了供热成本。

若是采用双热源供热，则对干燥机的空气加热器和热压机都以导热油进行供热，这样就很容易获得高温。油锅炉除了具有结构简单、造价低廉等优点外，更关键的优势是导热油在油炉中于 200 ~ 250℃ 以内几乎没有多少压力，其安全系数比蒸汽锅炉高很多，而且能够将油的余热回收再利用，大大降低热耗成本。

(3) 热压

无胶技术的重要特点之一，是板坯中心层温度必须达到 140℃ 以上才能完成化学反应并结合成板。故中密度纤维板的厚度不要超过 15mm，否则热压时间和卸压时间太长，不仅影响生产率而且板材容易鼓泡。另外，产品密度要超过 0.85g/cm^3 才能保证力学强度。

例如，密度 0.85g/cm^3 的无胶纤维板其抗弯强度为 20MPa，内结合强度为 0.60 MPa，如将密度降至 0.75g /cm^3，则抗弯强度降至 14.2 MPa，内结合强度降至 0.36 MPa。

应用无胶技术要求成型后的板坯含水率最好为 8% 以下。因为板坯中除了自由水，还要产生大量的化合水。理论计算结果表明，当板坯含水率大于 10% 时，在热压过程中如有充分反应，所生成的化合水能使板坯含水率达到 16% ~18%，生产实践证明，此时极易出现粘板和鼓泡现象。

与施胶板不同，因为 UF 的固化温度很低，热压时除蒸发板坯中的自由水和 UF 中少量残余水分外，其他水分的蒸发量很少。按正规工艺，只要板坯中心层达到 100℃就可以卸板，只要操作适当板材产生鼓泡的几率就会很小。但无胶工艺与其不同，板坯中心层温度必须达到 140℃以上才能结合成板，所以板坯中心层在高温下产生很高的蒸汽压力。如水分过多、操作不当，板材必然出现鼓泡，形成废品。故除了要求板坯含水率尽量低以外，热压机的功能必须完整，主要是热压机油压系统的保压功能要稳定。

无胶技术的热压曲线不能通用。对于不同的生产线，不同的原料品种以及不同的设备和工艺条件，都要重新测试制定出新的热压曲线，主要是测试从板坯边缘深入到 5 ~6cm 处的中心层温度达到 140℃的时间。只有边缘温度达到 140℃，才能使整板都具有均一的强度，而此时板坯中心的温度可能已经达到 150 ~160℃，在如此高的温度下内部蒸汽压力会很高，所以降压时排汽的压力控制很重要。如果对板坯的外压力超过了板坯内部的蒸汽压力，蒸汽就排不出来，对板坯的外压力比板坯内部蒸汽压力低很多，则蒸汽会突然冲出板坯使板材分层。因为无胶板在热态下结合力很小(板材冷却后才显示真正的结合强度)，故排出的蒸汽压力超过板坯热态下的结合力就会出现鼓泡和分层现象。因此，要通过实践来确定卸压时的油压系统压力。

在热压机上安装有排汽装置的情况下，在热压过程中板坯中的蒸汽可从六个方位排除，且大量的水蒸气基本上都从板坯上下面排出来。因为在板坯厚度方向的水分移动距离最短且蒸发面积最大，所以能够加速水分的蒸发。另外，由于板坯在整个热压过程中都连续排汽，板坯内部水分余量很少，形不成蒸汽压力，所以在降压卸板时不必谨慎降压，可以直接减压卸板，此时降压速度再快也不致引起鼓泡。这就是增设排汽装置带来的主要功效。

(4)无胶高密度薄板生产设备概述

①连续平压机最适合生产无胶高密度薄板。它没有装卸板辅助过程，生产效率最高，产品性能最稳定。

②辊筒式连续压机不适合生产无胶高密度薄板，它在理论上是尚不成熟的。因为辊筒式连续压机的主热源是辊筒，压机外层的钢带很薄，携带不了多少热量，这样对板坯几乎是单面传热，故它破坏了板坯的热平衡，会使产品产生热应力。产品的弯曲变形主要是在板坯热压定型过程中造成的，因为板坯靠辊筒的一面受挤压而密度比较高，但靠钢带的一面密度比较小，遂使产品断面结构不均一，加上板坯内部热应力的作用，经热压固化后的产品在冷却以后必然变形。产品越厚变形越严重。

③周期式多层压机，生产无胶高密度薄板在工艺上是可行的，但压机的生产效率会大大降低，层数越多，其生产效率降低得越多。薄板的热压周期很短，如厚度 3mm 薄板不超过 2min 就压完，但关键在于装板机的板坯升降和进板时间是固定的，如 15 ~18 层压机，在 2min 以内是完不成装板任务的。要保证压机的生产效率，必须遵循一条准则：装板机只能等待热压机，不能让热压机等待装板机。一个纤维板生产线的产量决定于热压机的利用率。生产厚板热压周期长，这样自然会形成装板机等待热压机，但生产

薄板时因为热压机等待装板机耗费时间，从而降低了生产率，加上厚板的一次产出量是薄板的几倍，所以薄板的生产效率会远低于厚板。

解决方法是：减少压机的板坯层数和增加热压机台数，使装板时间基本匹配热压时间，以提高生产效率。这种改造以后的生产线只适合单一地生产薄板，如生产厚板就没有必要改造，因为用改造后的生产线生产厚板，其压板时间和装板时间反而会失去平衡。

8.2 非木材纤维板

8.2.1 非木材纤维板原料

(1)非木材纤维板的原料资源

按照纤维板生产要求，只要具有一定纤维素含量的植物都可以作为纤维板原料，所以可以用于纤维板生产的非木材原料种类很多，如竹材、农作物秸秆等。这些类型的植物生长周期短，不像木材需要数年或数十年方能成材。其中秸秆类原料包括棉秆、麻秆、烟秆、高粱秆、玉米秆、葵花秆、稻草、小米秆、蓖麻秆、油菜秆、芝麻秆、黄豆秆、蚕豆秆、豌豆秆、木薯秆、香蕉秆、棕榈秆、麦秆、芦苇、剑麻秆(头)、次小杂竹等，渣屑类原料包括蔗渣、麻屑、甜菜渣、烤胶渣、麻黄渣、竹屑等，藤草类原料包括葡萄藤、黄交藤、龙须草、席草、芸草、芨芨草等，壳类原料包括稻壳、花生壳、椰子壳、葵花子壳、茶壳、果壳、菜籽壳等。我国非木材纤维板的原料资源极为丰富，其中竹林面积居世界第一位，竹材年产量达800万t以上，大部分是经济利用价值较高、集中成片分布的毛竹林。世界有竹类植物50多属、1200多种，我国竹类资源有40多属、500多种。竹子繁殖再生能力强、生长周期短、材质优良，具有较高的使用价值。我国竹林地理分布范围很广，主要分布于亚热带和热带地区、长江流域以南，海拔100~800m丘陵山地分布最广、生长最盛，其中江苏、浙江、安徽、福建、江西、河南、湖北、湖南、广东、广西、海南、四川、重庆、贵州、云南、陕西等17个省(自治区、直辖市)是竹子分布的主要地区，以福建、江西、浙江、湖南四省最多，约占全国竹林总面积60%。福建省竹林面积又位居榜首。竹林的自然分布很广，具有明显的地带性和区域性，大致可划分为三大竹区：①黄河—长江竹区，为散生竹区，主要有刚竹、淡竹、桂竹、金刚竹等竹种；②长江—南岭竹区，为散生竹和丛生竹混生区，以毛竹为主，散生型竹有刚竹、水竹、桂竹等，混生型竹有苦竹、箬竹等，丛生型竹有慈竹、硬头黄等；③华南竹区，为丛生型竹区，主要有撑篙竹、麻竹、粉单竹等竹种。竹林在中国江河流域的分布，以长江流域面积最广。在竹林面积中，天然竹林面积274.17万hm^2，占72.3%，人工竹林面积104.91万hm^2，占27.7%。人工竹林面积占全国人工林面积3.06%。在全部竹林资源中，毛竹面积260.23万hm^2，占68.6%，杂竹面积118.85万hm^2，占31.4%。

在我国的非木材纤维板原料中，农作物秸秆是农作物加工剩余物，资源也极为丰富，总产量居世界第一。根据估算，2000年全球秸秆总产量为438 862.37万t，相当于同年度我国秸秆总产量的 5.78 倍。全球秸秆产量超过 1 亿 t 的国家共有 8 个(见表 8-6)，其秸秆产量合计为 269 086.40 万 t，占全球秸秆总产量的 61.31%。我国秸秆产量大约占全球的 17.29%，比产量居第二位的美国高 8.53%。水稻秸秆是我国第一大作物秸秆，2005 年产量为 21 129.26 万 t，占全国秸秆总产量的 25.10%。2005 年我国小麦秸秆产量为 10 718.95 万 t，占全国秸秆总产量的 12.73%。2005 年我国棉秆产量为 5257.04 万 t，甘蔗渣(叶)产量为 2599.14 万 t。

表 8-6　2000 年全球秸秆产量过亿国家秸秆资源生产状况

排序	国家和地区	秸秆总产量(万 t)	占世界份额(%)	秸秆耕地单产(kg/hm²)	人均秸秆产量(kg)
	世界	438 862.37	100.00	3210	725
1	中国①	75 893.15	17.29	5850	595
2	美国	69 925.19	15.93	3945	2477
3	印度	45 981.10	10.48	2835	453
4	巴西	32 066.36	7.31	6015	1885
5	阿根廷	12 760.42	2.91	5100	3446
6	印度尼西亚	11 728.48	2.67	5715	569
7	法国	10 418.24	2.37	5640	1769
8	俄罗斯	10 313.49	2.35	825	708

①暂不包括港澳台。

(2)非木材纤维板原料的主要性能

与木材原料相比，非木材纤维板原料在宏观构造、微观构造、物理力学性能和化学性能等方面均有一定的差异。非木材纤维板原料既有与木材相似的实心结构，也有中空结构，某些非木材原料的外径在长度上变化较小，相对匀称。非木材纤维板原料的生长靠的是植物末梢和节部的分生组织，因此茎秆的径向生长较少，主要是纵向延伸。非木材纤维板原料的纤维细胞短，平均长度一般为 1.0 ~ 2.0mm，非纤维细胞多，主要由维管束组织、薄壁细胞和外皮组织等构成。竹材、甘蔗渣、棉秆等的纤维细胞含量已接近阔叶材，因此在纤维板生产中得到了广泛应用。

不同植物纤维含量不同，需要选择合适的植物作为纤维板生产的原料，采取有效改性措施及工艺措施克服成分中不利的组成因素。如农作物秸秆原料在宏观构造方面与木材有所区别，木材通常有较大的径级和长度，树干和树枝包裹有一层较厚的树皮，无论是在同一株树还是在不同的树中，它们的材性都具有较大的变异性；此外木材具有天然的花纹和色泽，但也有一些天然的缺陷(如节子、斜纹等)。相比之下，农作物秸秆原料一般外形较小，相对匀称，且多为中空结构，外表层有的较坚硬或分布一层蜡质，通常同一种类的农作物原料性能变异性较小，但不同种类原料的差异性很大。木材和农作物秸秆原料由于宏观构造上的差异，决定了两者在加工、贮存、运输等方面有所不同，且农作物秸秆原料相互之间的差别也造成了加工工艺的变化。如农作物秸秆原料一般不采用削片设备；稻草、甘蔗渣往往需要按一定规格打捆、打包装运，以减少体积；有些农作物原料还需要去髓。另外农作物原料贮存场地要求面积大、地面平坦，注意通风、排水以防原料腐烂、变质，且要留有防火通道。通过从农作物秸秆解剖结构观察，农作物秸秆原料多为禾本科植物，如稻草、麦秸、棉秆等，其纤维细短，非纤维细胞较多。它们主要由维管束组织、薄壁组织、皮表组织等构成，少数品种含有纤维组织带。农作物秸秆原料的纤维细胞主要生长在维管束组织和纤维组织带中。不同的农作物秸秆原料其维管束的形状与排列方式也有差别。从超微结构看，木材与农作物秸秆原料之间既有差别也有联系。如两者的细胞壁均可分为胞间层、初生壁和次生壁，但农作物原料细胞的层次一般多于三层，且 S_1 较木材细胞 S_1 层厚。农作物秸秆原料种类很多，但纤维形态特征往往大同小异。许多农作物秸秆原料的细胞和纤维形态与阔叶材相似，完全可以作为纤维板的原料。它们共同拥有的细胞种类如下：

①纤维细胞：除龙须草的纤维细胞特别长外，其他各类农作物秸秆原料的纤维均较细短，一般为 1.0 ~ 2.0mm 长，10 ~ 20μm 宽。

②薄壁细胞：此类细胞的细胞壁薄，易变形或破碎，细胞形状和大小随农作物秸秆原料的种类而变化。一般分为杆状、长方形、正方形、椭圆形、球形等数种。

③表皮细胞：农作物秸秆原料的表皮细胞多呈锯齿状，有的一面有齿，有的两面有齿，也有少数无锯齿。锯齿的齿峰、齿距、齿谷的形状大小随原料种类而变化。

④导管细胞：与阔叶材相同，农作物秸秆原料的导管细胞是组成导管的基本单位，是两端开口的管状细胞，一般较阔叶材长。其底壁平直，管壁上带纹孔，有的类型还具有环形或螺纹加厚。

⑤石细胞：在形态特征上，石细胞和薄壁细胞相类似，但前者壁厚、层次多，与碘氯化锌染色剂作用后呈蓝棕色。

纤维板原料的化学组成是选择和评价原料质量的一个重要指标，也是制定生产工艺的重要依据。木材的纤维素含量通常高于大部分非木材纤维板原料，这正是木材强度一般远高于非木材纤维板原料的一个主要原因。此外，非木材纤维板原料的灰分及一些抽提物的含量较高，这将会影响到非木材原料生产纤维板的工艺。

表 8-7 列出了主要非木材植物纤维组成，从表中可知：非木材纤维板原料与木材的主要化学组成均为纤维素、半纤维素和木素，但是非木材纤维板原料的木素和纤维素含量比木材低，因而自身强度都较低。非木材纤维板原料外表层通常有一层蜡质，会阻碍胶黏剂对纤维表面的润湿，影响胶结强度，使纤维表面形成弱界面层，从而降低纤维板的力学性能。非木材纤维板原料中的糖类物质存在使纤维板在阴湿环境中易受霉菌侵蚀，降低纤维板使用寿命。非木材纤维板原料中包含少量的糖、油脂物、蜡、灰分中的硅及单宁、色素、有机氮化物等。以竹材为例，其表面性质是影响竹材纤维板胶合的重要因子，竹材纤维的表面通常是由热磨加工后形成，竹材纤维表面的组成与竹材的主体有着较大的差异，主要与其表面形成条件有关，与表面形成过程中或以后发生的抽提物再分配有关，与表面形成过程中或形成后添加物质有关，与空气、光以及其他因素相互作用而产生的化学变化有关。竹材纤维表面形成的条件和方法，能够强烈影响纤维素、半纤维素和木素在竹材纤维表面的比例。竹材纤维表面抽提物的再分布对其表面性能有着重要的影响。在竹材纤维的表面形成过程中或形成以后，抽提物的再分布使大量抽提物沉积在竹材纤维表面上。

表 8-7　主要非木材植物纤维组成　　%

种类	水分	灰分	溶液抽提物					果胶	蛋白质	木素	多成糖	纤维素
			冷水	热水	乙醚	苯醇	1% NaOH					
麦秸	10.65	6.04	5.36	23.15	0.51	—	44.56	0.30	2.30	22.34	25.56	40.40
稻草	9.87	15.5	6.85	28.50	0.65	—	47.70	0.21	6.04	14.05	18.06	36.20
棉秆	12.46	9.47	8.12	25.65	0.72	—	40.23	3.51	3.14	23.16	20.76	41.26
玉米秆	9.64	4.66	10.65	20.40	0.56	—	45.62	0.45	3.83	18.38	24.58	37.68
高粱秆	9.43	4.76	8.08	13.83	0.10	—	25.15	—	1.81	22.52	24.40	39.70
芦苇	10.49	5.82	—	—	—	3.77	38.36	—	—	19.26	25.13	41.57
蔗渣	10.35	3.66	7.63	15.88	0.85	—	26.26	0.26	3.42	19.30	23.51	42.16
稻壳	8.93	19.21	—	—	—	1.79	—	—	—	34.11	—	48.50
黄麻	9.40	5.15	8.94	—	—	—	—	0.38	—	11.78	—	65.32
毛竹	6.30	1.03	—	7.68	0.66	5.16	27.49	—		26.62	23.71	52.67
芨芨草	11.12	2.95	8.30	10.54	1.69	—	39.62	1.08	—	16.52	25.98	49.14

8.2.2　棉秆纤维板

(1) 棉秆原料特性

棉秆的内部组织结构由韧皮部、木质部和髓心组成。韧皮部是由形成层向外分生而成，有韧皮纤维、韧皮射线、筛管、筛胞和薄壁细胞等，韧皮部韧性较大，不易切断，在纤维拌胶后易结团，影响到板坯的铺装；木质部是由木纤维细胞、导管、木射线和薄壁细胞等组成，木纤维细胞排列整齐；髓心部分是由薄壁细胞组成，排列疏松，有明显细胞间隙，有较大的可塑性，髓心在根部分布较少，由根部向上到枝条，所占比例逐渐增加。髓心干燥分离后易形成粉末，遇水则能成倍地蓄积水分，这对棉秆纤维板的吸水性有很大的影响。

表 8-8 和表 8-9 分别为棉秆纤维形态和化学成分的分析结果，棉秆试样来源于西北农林科技大学试验田。从西北农林科技大学课题组对棉秆纤维形态的分析可知：棉秆的韧皮纤维比木质部纤维长。棉秆木质部纤维的平均长度为 1023μm，木质部纤维的长宽比较大，平均为 51.80，有利于提高棉秆纤维板的强度。因为长宽比是纤维长度平均值与纤维宽度平均值之比，长宽比大，则纤维之间的结合能力好。棉秆的平均壁腔比为 0.51，属于胞壁薄而腔大的纤维，有柔软性，外力作用时易溃陷、变形、压扁、增大纤维的表面积，在热压时有助于纤维之间的结合。

棉秆化学成分的分析结果表明：棉秆的主要化学成分与木材相似，有纤维素、半纤维素和木素，因而可以作为木材的替代原料。但棉秆的灰分、抽提物含量较高，对制造棉秆纤维板有不利影响。棉秆纤维素含量为 43.18%，聚戊糖含量为 19.01%，木素含量为 21.05%，灰分含量为 3.09%，冷水抽提物含量为 4.38%，热水抽提物含量为 7.64%，1% NaOH 抽提物含量为 26.85%。灰分的主要成分是 SiO_2，其含量高对胶黏剂的结合力有影响；1% NaOH 溶液抽提物含量高，说明棉秆中的低、中级碳水化合物含量较高，不仅造成原料在贮存中易腐烂霉变，而且在热压过程中易分解产生淀粉胶，导致粘板和板材抗水性差；聚戊糖是半纤维素的主要成分，高温下易分解，其含量高会导致产品的吸湿率较高；纤维素含量低，会影响产品的强度性能；木素是天然的胶黏物质，其含量高对热压成板非常有利。

表 8-8　棉秆纤维形态分析结果

纤维长度(μm)	纤维宽度(μm)	纤维内(μm)	纤维壁(μm)	长宽比	壁腔比
10.23	19.75	13.05	3.34	51.80	0.51

表 8-9　棉秆化学成分的分析结果　　%

灰分	冷水抽提物	热水抽提物	1% NaOH 抽提物	纤维素	聚戊糖	木素
3.09	4.38	7.64	26.85	43.18	19.01	21.05

(2) 棉秆纤维板工艺

20 世纪 80 年代中期，湿法棉秆纤维板生产工艺已比较成熟，其主要工序包括切断、磨浆、浆料处理、成型、热压等。在此基础上，科研人员还研发了湿法棉秆中密度纤维板生产工艺，产品可广泛应用于家具制造、建筑、包装、车辆、家用电器等行业。但由于生产废水造成环境污染和处理成本高等原因，我国的湿法棉秆纤维板生产已逐渐被淘汰。

干法棉秆中密度纤维板制造工艺是以棉秆为原料，先对棉秆剥皮，并破碎成碎料，再通过风选把棉秆皮和秆的髓心去除，从而得到去皮的棉秆碎料。接着进行纤维分离、施加改性脲醛树脂胶，再对湿纤维进行干燥，施过胶的干纤维经铺装成板坯，再经预压及热压等工序制成棉秆中密度纤维板。主要工序包括：原料备料，纤维分离和施胶，干燥，铺装及热压，后期处理。

①原料备料工艺步骤：先对棉秆剥皮，并破碎成 20 ~ 30mm 的秸秆单元，再通过风选，把棉秆皮和秆的髓心去除，从而得到去皮的棉秆碎料。

②纤维分离和施胶工艺步骤：棉秆碎料经热磨机在 0.6 ~ 0.8MPa 压力下经蒸汽汽蒸 3 ~ 5min 后进行纤维分离，分离所得纤维用改性脲醛胶施胶，施胶量以绝干料质量计为 10% ~ 12%。

③干燥工艺步骤：采用管道式干燥机，干燥温度 140 ~ 160℃，含水率 10% ~ 12%。

④铺装及热压工艺步骤：施过胶的干纤维经铺装成板坯，进行预压及热压，采用温度为 160 ~ 170℃，时间按板厚为 12 ~ 18s/mm，热压压力为 0.30 ~ 0.40MPa。

⑤后期处理工艺步骤：经热压后的毛板在翻板冷却装置中进行冷却，使板材的温度降低，消除板内应力，再经过锯边、砂光等工序制成干法棉秆中密度纤维板。

8.2.3　竹材纤维板

竹材纤维板是全用竹纤维或以竹纤维为主制造的纤维板。从制造方法来分，有干法纤维板和湿法纤维板；按密度来分，有高密度、中密度和低密度纤维板。

(1)竹材原料特性

竹材中毛竹具有代表性，毛竹秆茎组织包括“竹皮”系统(表皮、下皮、皮层)、基本系统(基本组织、髓环和髓)和维管系统，如图8-2所示。

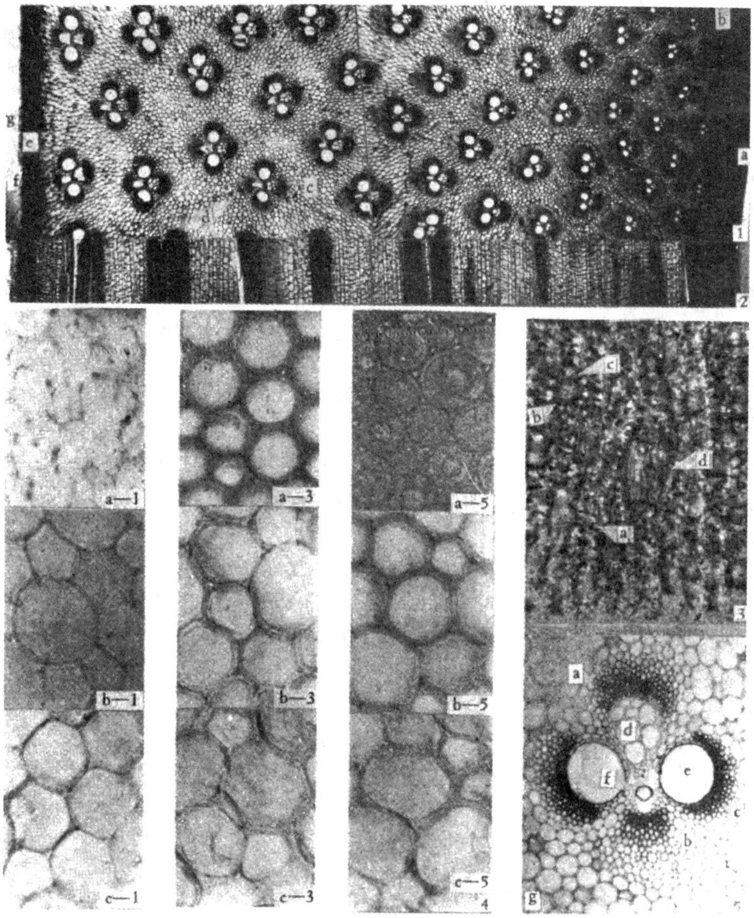

图8-2　毛竹解剖结构

表皮层是竹壁最外的一层细胞，由长形细胞、栓质细胞、硅质细胞和气孔器构成。长形细胞占的面积最大，呈纵向排列，外壁及侧壁较厚。栓质细胞和硅质细胞形状短小，常成双结合，分布在长形细胞纵行之中；栓质细胞略成梯状，硅质细胞近三角状。气孔器从正面观为长方形，在秆茎下段表皮上较多，上段次之，中段最少。下皮为表皮内的1~2层柱状细胞，呈纵向排列，横切面为矩形，位于秆茎下段的较大，中段次之，梢部的最小。皮层为下皮以内无维管束分布的部分，皮层细胞大于下皮细胞，柱状呈纵向排列，秆茎基部的皮层细胞列数较多，达10~12列，往上减少，至梢部仅2~3列；茎基部的皮层细胞较宽较短，而中部和基部的较窄较长。

基本组织分布于皮层与髓环之间，为薄壁细胞所组成。在新竹刚长成后，秆茎下段较老，中段次之，上段最嫩；细胞壁也是下段较厚，中段次之，上段最薄。竹龄增大，胞壁相应地加厚，加厚强度则上大下小，其结果是秆茎梢段的基本组织的胞壁最厚，中段次之，下段又次之。在横切面上，竹壁外部的基本组织胞壁较厚，内部的较薄。秆茎下段的基本组织细胞较短，往上渐增，至上段最长；竹壁外部的最短，内部的次之，中部的最长。基本组织的细胞直径在竹壁外部的较小，中、内部的较大；在秆茎下段的较大，中、下段的则较小。髓环位于髓腔外围，由八层短而方的柱状厚壁细胞组成，横向紧密排列。秆茎上段的髓环细胞狭长，层数较多，胞壁较厚，下段的较宽短，层数较少，胞壁较薄，中段的则介乎其间。秆茎各段的髓环细胞的胞壁均随竹龄的增大而加厚成石细胞，为竹黄部分，硬度较大。在竹节，髓环横向发展形成节隔的上下壁。髓环与“竹皮”系统形成竹壁的内外夹壁，把基本组织和维管系统紧夹其间，从而对竹材性质起着稳定作用。髓即竹膜部分，系被破坏的髓组织的残骸，一般由大型薄壁细胞所组成。髓组织破坏后留下的间隙，即竹秆的髓腔。

毛竹维管束分散于基本组织之中，在横切面上略呈“梅花”形分布。秆茎基部的维管束大而疏，梢部的则小而密。在竹壁上则外小而密，内大而疏。竹壁外部的维管束为长椭圆形，向内逐渐变短加宽，略呈四方形。秆茎下部的维管束最长(垂周方向)、最宽(平周方向)，而上部的则最短、最窄；竹壁中部的维管束最长，而内部的则最宽。因此维管束长宽比的变化，也是自下而上和自外而内递减，而纵向递减的速率则小于横向递减的速率。毛竹维管束是闭合性的外韧维管束，由韧皮部和木质部及其四周的纤维鞘所组成，在竹秆中段的竹壁中部发育完全，且较为典型。

毛竹纤维的形态呈圆柱管状，壁薄腔小；单根纤维细长，似纺锤形，其他杂细胞如薄壁细胞很多，硅质管胞为正方形，壁相当厚；纤维长度仅次于针叶材而远高于阔叶材，但纤维宽度小，因此毛竹纤维的长宽比要比针叶材高一倍左右。一般来说，纤维长宽比大则交织性能好，有利于纤维之间的结合，最终会增加板材的力学强度。

竹材的主要成分是纤维素、半纤维素和木质素，其次是各种糖类、脂肪类和蛋白质类物质，另外还有少量的灰分元素。一般竹材中纤维素含量为40% ~60%，半纤维素含量为14% ~25%，木质素含量为16% ~34%。不同竹种的纤维素、半纤维素和木质素含量不同，同一竹种不同竹龄，则上述三种成分也有差异。竹材中其他次要成分包括：2%左右的还原糖，1.5% ~6%的蛋白质，2% ~5%的脂肪和胶蜡层，2% ~6%的淀粉。竹材中的糖、脂肪和蛋白质等具有水、醚、醇、NaOH等浸提的特性。

(2)竹材纤维板工艺

干法生产毛竹中密度纤维板的制造工艺流程如下：

毛竹→备料→纤维分离→施胶→干燥→成型→预压→热压→冷却→裁边→砂光→检验入库

毛竹中密度纤维板所用原料可以是毛竹，也可以是竹胶板、竹编板等的剩余物。纤维质量对产品性能影响很大，而决定纤维质量的因素很多，如原料品质(受竹种、竹龄、采伐季节、贮存时间、贮存条件等因素影响)、切片质量、预热蒸煮条件、热磨机性能等。作为中密度纤维板生产原料，要求竹纤维强度大，又要容易分离。竹材中空、体积大、不便于运输，通常在产地切片后，装袋运回工厂堆放备用。为了防止竹片发霉变质，原料贮存期一般不超过3个月，堆放场地最好有遮雨棚。

在备料加工时，采用专用设备将毛竹加工成竹片，长度为2～3cm。在纤维分离时，经水浸泡后的竹片和石蜡块按100∶1比例投入热磨机中，先在预热蒸汽压力为0.3～1.0MPa的条件下，预热1～15min、研磨1～5min进行纤维分离。分离后的纤维可以采用先施胶后干燥的工艺，也可以采用先干燥后施胶的工艺。如果采用后一种工艺，需要通过干燥机将纤维的含水率控制为2%～6%，再将脲醛树脂或酚醛树脂胶均匀地喷撒到纤维上，施胶量为6%～12%。毛竹中密度纤维板铺装成型的工艺和设备与木材中密度纤维板相似，也可以采用气流或机械铺装成型的工艺和设备。板坯经过预压、装板后进入压机，热压温度150～200℃，热压时间按板厚为0.5～1.0min/mm，热压压力为2.5～4.0MPa。热压后的产品经过冷却、裁边、砂光，成品密度为0.6～0.85g/cm^3，其静曲强度可达24.5MPa以上，内结合强度超过0.5MPa，弹性模量达1960MPa以上，吸水厚度膨胀率为6%～8%。

8.2.4 蔗渣纤维板

(1)蔗渣原料特性

蔗渣是甘蔗制糖厂的副产品，蔗渣的纤维形态对MDF的物理力学性能有很大的影响。蔗渣的纤维细胞长，纤维细胞含量达64.3%。蔗渣纤维的平均腔径为17.9μm，壁腔比小于1为0.36(见表8-10)。从纤维原料分析可知，蔗渣纤维的长宽比大，具有较好的结合性能。

表8-10 蔗渣的纤维形态指标

平均长度(mm)	平均宽度(μm)	长宽比	壁厚(μm)	腔径(μm)	壁腔比
1.73	22.5	77	3.26	17.9	0.36

纤维板原料的化学组成是选择和评价原料质量的另一重要指标，也是制定生产工艺的重要依据。髓是蔗渣中的附属物，蔗渣中含有10%左右的松软髓结构物质，在生产中会影响纤维得率和软化处理工艺，因为在相同的工艺条件下，纤维素含量较低的蔗髓，纤维得率也较低，木素含量较高的蔗髓(见表8-11)蒸煮软化较困难。此外，蔗髓具有较强的吸收胶黏剂性能，在同样的施胶量下，使蔗渣纤维表面产生胶液分布不均匀，影响纤维之间的界面胶接强度。而且髓心极易吸湿，影响蔗渣纤维板的耐水性能，使产品出现吸水率和吸水厚度膨胀率较高的缺陷，导致物理力学性能下降。因此，在蔗渣纤维板生产过程中，应采取与木材原料不同的工艺。如在备料工段不用削片机，增设除髓机，使除髓率达到25%～30%以上；在气流输送系统中，适当提高风机的风速和风压，并且采用负压输送，使蔗髓通过旋风分离器部分去除。

表8-11 蔗渣蔗髓及马尾松木质原料的化学成分 %

原料	水分	灰分	不同溶剂的抽提物					戊聚糖	果胶	木素	纤维素
			冷水	热水	乙醚	苯醇	1% NaOH溶液				
蔗渣	10.35	3.66	7.63	15.88	—	0.85	26.26	23.51	0.26	19.30	42.16
蔗髓	9.92	3.26	—	—	3.07	—	41.43	25.43	—	20.58	38.17
马尾松	11.47	0.33	2.21	6.77	4.43	—	22.87	8.54	0.94	28.42	51.86

从表 8-11 中可知：蔗渣的 1% NaOH 抽提物和冷水及热水抽提物的含量相对较高，对于蔗渣纤维之间的胶合性能会产生一些不利的影响。因此，在生产中需要对纤维分离工艺、施胶和调胶工艺、热压工艺等进行调整优化。此外，根据蔗渣质地软、纤维细小的特点，需要将旋风分离器的筒体、进料口、出料口和风送管直径加大，尽量避免弯头与拐角，以保证蔗渣纤维输送流畅。在纤维分离工序选用卧式蒸煮缸，用运输螺旋运送物料较好，因为立式蒸煮缸中物料完全依靠本身自重落下，而蔗渣细小松软，容易发生架桥现象。由于蔗渣较松软，热磨机的进料螺旋压缩比，应不同于以木材为原料时的压缩比，需要在原有以木质为原料的热磨机基础上提高进料螺旋的压缩比，否则易造成进料螺旋装置堵塞，使热磨机预热蒸煮缸进料不均或过小。此外，可以加大热磨机进料口和进料螺旋直径，改变木塞管锥度（减少对原料的阻力），提高进料螺旋和运输螺旋转速。蔗渣作为制糖的剩余物，必定会残留一定的糖分，蔗渣的糖分明显高于木材原料，使蔗渣纤维板易发霉变质，影响产品质量，这也是生产中应考虑的问题。

（2）蔗渣纤维板工艺

蔗渣中密度纤维板生产可以采取如下工艺流程：

蔗渣→除髓→打包→贮存→散包→热磨→施胶→干燥→铺装→预压→热压→冷却→裁边→砂光

不同的工艺路线对成品蔗渣中密度纤维板有不同的影响作用。蔗渣的除髓可以采用人工去髓方法或专用除髓机，同时在生产中加入适量的石蜡防水剂，以提高蔗渣中密度纤维板的耐水性能，降低其吸水厚度膨胀率。在热磨时，蒸汽压力为 0.65～0.70MPa，由于蔗渣组织蓬松、不易切断，热磨后的蔗渣纤维较细小，容易形成纤维束。施胶时，使用脲醛树脂作为胶黏剂。由于蔗渣中含一定的糖和淀粉，这些糖和淀粉在热压时可以转化成胶黏物质，因此只需加适量的胶黏剂就能制成表面紧密和强度高的蔗渣中密度纤维板。石蜡添加量为 1.0%～1.5%，防水剂为液体石蜡乳液，质量分数为 40%。用石蜡作为防水剂按比例与蔗渣混合，使石蜡均匀地附着在蔗渣纤维表面上，起到防水的作用。干燥工艺可以采用管道进口温度 170～175℃，出口温度 70～80℃，干燥后去除蔗渣纤维中多余的水分，使纤维终含水率为 8%～10%，以免蔗渣纤维中过多水分使热压时蔗渣中密度纤维板产生分层或鼓泡缺陷。干燥后的蔗渣纤维经过铺装、预压，送入热压机热压，预压工序可增加板坯密实度，使其具有一定的强度，以防止在运输过程中发生板坯断裂或边缘散塌等现象。热压工艺对蔗渣中密度纤维板的性能有很大影响，如影响产品的剖面密度分布、静曲强度和平面抗拉强度等。通常热压温度为 150～170℃，热压的单位压力为 3.0～3.5MPa，热压时间按板厚为 30～36s/mm。

8.2.5　稻麦秸秆纤维板

（1）稻麦秸秆原料特性

稻草秸秆纤维短而细，细胞腔狭窄，胞壁较厚，纤维长度平均为 1000μm 左右，宽度平均为 9μm 左右，长宽比多为 100 以上，细胞壁厚平均为 3.3μm。稻草秸秆纤维中含有大量的薄壁细胞、表皮细胞等杂细胞，其数量按面积计算约占稻草细胞的 50%。以天津地区稻草为例，其化学成分见表8-12。稻草中灰分含量较高，为14%～16%，灰分中又以 SiO_2 为主要成分，对稻草纤维板的胶合性能有不利影响。

表8-12 稻草主要化学成分 %

项目	化学组成
水分	13.0
灰分	14.0
苯醇抽提物	5.27
热水抽提物	20.21
1% NaOH 抽提物	55.04
多缩戊糖	19.8
木 素	11.93
全纤维素	35.23

麦秸原料特性与稻草不同，以南京市郊麦秸为例，其各部位纤维形态及化学成分见表8-13～表8-15。在各部位的纤维长度中，以茎基部纤维最长，其数均纤维长1.73mm，重均纤维长1.85mm，随后依次是茎中部、茎梢部、鞘、叶、穗、节。节的纤维最短，其数均纤维长0.67mm，重均纤维长0.82mm。从纤维长度的频率分布来看，茎基部的纤维长度在1.0mm以上的占纤维总根数的95%，在1.0～2.2mm范围内的占纤维总根数的80.8%；茎中部的纤维长度在1.0mm以上的占89.4%，1.0～2.2mm范围内的占81.8%，纤维分布比较集中；茎梢部的纤维长度在1.0mm以上的占70%，2.0mm以上的几乎没有，纤维长度远较茎基部、茎中部为短；麦鞘的纤维长度介于茎中部与茎梢部之间，比叶和节的纤维都长；纤维最短的是穗和节，纤维长度在1.0mm以下的根数分别占90.9%和84.5%，是麦秸中最短的纤维。

表8-13 麦秸取样部位及所占比例 %

试样	取样部位	占全麦秸的质量比
麦秸基部	地表上面的第一节（节间）	13.97
麦秸中部	地表上面的第二、三、四节（节间）	30.16
麦秸梢部	地表上面的第五节（节间）	7.98
节	取全麦秸上四个麦节的混合物	9.31
鞘	取全麦秸上五个鞘的混合物	15.90
叶	取全麦秸上五个叶的混合物	7.60
穗	除去麦粒的全穗	15.08

表8-14 麦秸的纤维形态

试样	纤维长度(mm)	纤维宽度(μm)	长宽比	胞壁厚(μm)	胞腔直径(μm)	壁腔比
麦秸基部	1.73	16.8	103	5.25	6.30	1.67
麦秸中部	1.58	15.2	104	4.69	5.82	1.61
麦秸梢部	1.22	13.1	93	3.45	6.21	1.11
节	1.26	14.0	90	3.80	6.40	1.19
鞘	1.01	13.8	73	3.36	7.08	0.95
叶	0.73	17.2	42	3.41	10.39	0.66
穗	0.67	17.9	37	4.05	9.81	0.83

表 8-15 麦秸的化学成分 %

试样	灰分	热水抽提物	1% NaOH 抽提物	苯醇抽提物	戊聚糖	综纤维素	木素	聚合度
麦秸基部	5.93	7.88	36.42	4.08	23.28	71.24	22.96	973.9
麦秸中部	6.19	9.03	37.19	3.92	23.20	69.92	21.67	954.2
麦秸梢部	7.20	10.64	43.61	4.28	24.66	69.90	20.41	832.4
节	8.69	12.90	40.79	2.56	25.42	67.97	23.22	791.2
鞘	11.34	13.78	47.28	4.55	25.56	69.86	18.39	775.7
叶	12.06	20.00	52.97	7.67	19.21	60.95	17.48	658.7
穗	9.82	12.96	49.42	4.93	26.03	64.52	19.50	553.0
全麦秸	8.28	11.53	42.59	4.37	24.04	68.42	20.76	817.7

从麦秸各部位的化学成分表中可看出，麦秸各部位在化学组成上存在着很大的差异，各化学成分在麦秸上的分布显示出一定的规律性。麦秸基部的综纤维素含量是71.24%，为全秆最高；茎中部、茎梢部、麦穗中的含量为沿麦秆自下而上顺次降低；麦叶的含量是56.95%，为全麦秸中最低。总木质素含量以麦节为最高(23.22%)，茎基部、茎中部、茎梢部、麦穗中的总木质素含量为沿麦秆从下而上顺次降低。灰分含量的差异较大，最高的是麦叶，为12.06%，比全麦秸灰分含量高出3.78%，比茎基部高出一倍还多；其次是麦鞘与麦穗，最低的是茎基部，为5.93%。麦秸鞘、叶、穗三部分占全麦秸重量的38.6%，而这三部位灰分的含量占全麦秸的51.5%，可见麦秸中的灰分主要存在于这三个部位。灰分是指植物纤维灼烧后剩下的矿物性残渣，其重要组成是 SiO_2。戊聚糖含量以麦穗为最高(26.03%)，麦叶最低(19.21%)，分布趋势为沿麦秆自下而上逐渐增加。热水抽提物、1% NaOH 抽提物和苯醇抽提物含量较高的是鞘、叶、穗，最低的是茎基部，变化趋势为沿麦秆自下而上逐渐增加。

从麦秸的构造图(见图 8-3 ~ 图 8-6)中可知，麦秸原料的构造有四种基本组织：①表皮组织，位于麦茎的最外层，结构比较紧密；②机械组织，位于表皮层内侧，为3 ~5 层纤维细胞组成的纤维组织带，其中分布有少量薄壁细胞群；③基本组织，其所占比例较大，结构疏松，均由薄壁细胞组成；④维管束组织，有两圈，外圈的维管束嵌埋在纤维组织带中，这部份纤维细胞壁厚、胞腔较小，而内圈的维管束呈展翅蝶状，零散地分布在基本组织之中，这部份纤维细胞壁薄、胞腔较大。除靠近表皮的纤维组织带和维管束内的纤维细胞外，其他都是杂细胞，因此，禾草类原料的纤维含量比木材少得多。麦秸的基部、中部、梢部都清楚可见一两个细胞构成的表皮层，其内侧就是一层纤维组织带，结构比较紧密，再向内就是结构疏松的薄壁细胞，其中嵌埋着维管束。麦秸除表皮细胞外，剩下都为薄壁细胞，中间是一层膜，把薄壁细胞分成外圈和内圈两部份，在薄壁细胞中嵌埋有星散状的维管束组织。外圈纤维束的胞腔极小，细胞壁较厚，内圈纤维束的胞腔较大，细胞壁较薄，与节间相比，维管束多而不发达，但结构比较紧密。

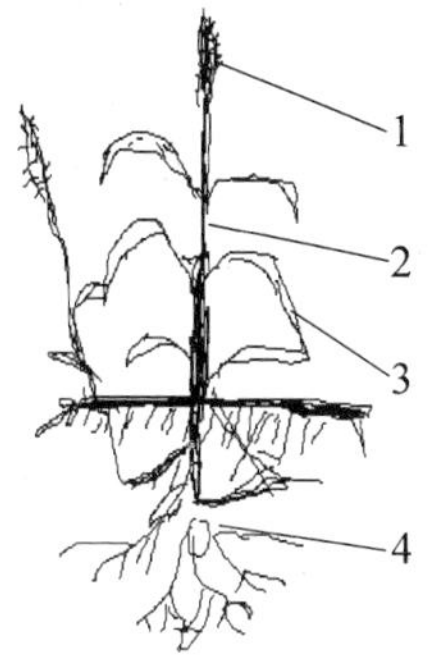

图 8-3　小麦生长示意图

1. 穗　2. 茎　3. 叶　4. 根

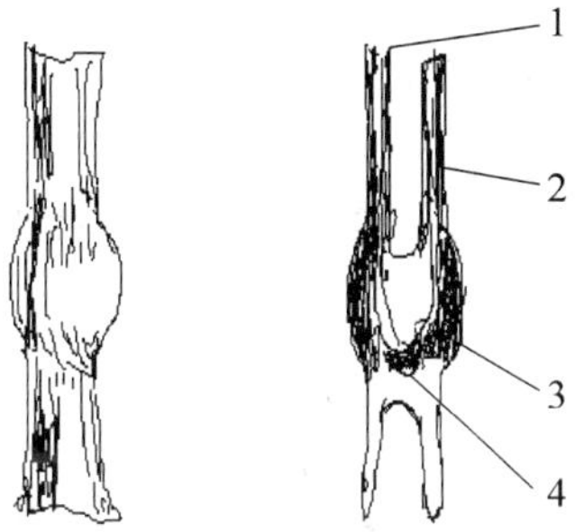

(a) 茎秆外形　　(b) 茎秆剖面图

图 8-4　麦秸茎秆示意图

1. 节间秆壁　2. 叶鞘　3. 叶鞘基部　4. 茎节

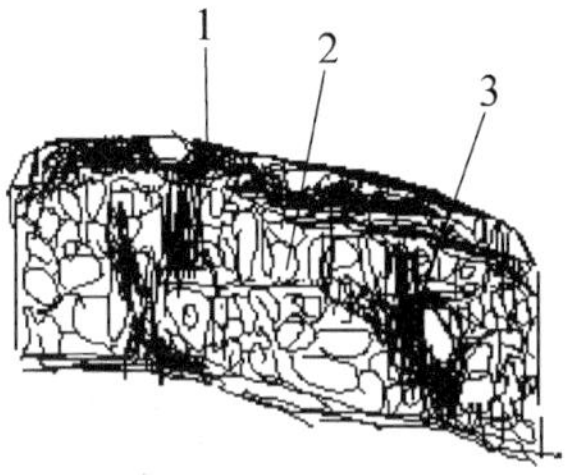

图 8-5　麦秸茎秆横切面

1. 表皮层　2. 薄壁细胞　3. 维管束

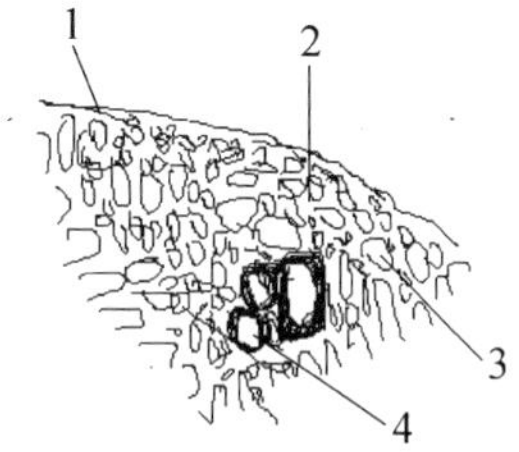

图 8-6　麦秸叶鞘横切面

1. 表皮　2. 纤维组织带
3. 基本薄壁组织　4. 维管束

(2) 稻麦秸秆纤维板工艺

稻麦秸秆纤维板生产可以采用如下工艺：

稻麦秸秆→切断或粉碎→筛选→热磨→施胶→干燥→铺装→预压→热压→冷却→锯边→砂光→检验入库

稻麦秸秆纤维板的备料工序与木材纤维板不同，可以通过切草机或者饲料粉碎机将稻麦秸秆切断或粉碎成一定尺寸单元，筛选后送入热磨机加工成纤维。稻麦秸秆纤维的分离过程包括两个步骤：第一步是稻麦秸秆预热处理，目的使木素充分地软化，减少脆性，以便在热磨机的破碎区将稻麦秸秆单元尺寸磨小，从而使纤维易于分离而不致使纤维过度磨断或破碎，以便磨出较多的长纤维、较少的碎屑和未磨碎物；第二步是由热磨机给稻麦秸秆单元施加机械能，此阶段纤维多次受到热磨机磨盘周期性应力作用，应力大小应适当，不致使纤维断裂，因此需要有合适的预热处理条件。稻麦秸秆中的灰分比木材高，灰分中的 SiO_2 形成非极性的表面结构，影响了有效胶黏结合能力。稻麦秸秆表皮组织硬而光滑，内含较多的脂肪及生物蜡，也将阻碍胶黏结合能力。将稻麦秸秆分离成纤维后，使含有 SiO_2 及生物蜡较多的表层破坏，在很大程度上避免了胶合不良的问题。

稻麦秸秆纤维的施胶有两种工艺方式，一种是“纤维分离→干燥→喷胶”，另一种是“纤维分离→喷胶→干燥”。所施胶种为脲醛树脂胶，防水剂为石蜡乳液或熔融石蜡。施胶干燥后的稻麦秸秆纤维由机械或气流铺装机铺装成板坯，送入预压机在常温下加压，经预压达到初步密实度的板坯送入热压机中热压。热压后的稻麦秸秆纤维板经过冷却、锯边、砂光，检验分等入库。与木材原料相比，利用脲醛树脂胶生产的稻麦秸秆纤维板通常需要较高的密度和施胶量，才能保证产品的主要物理力学性能达到国家标准的要求。因为纤维板的强度决定于单根纤维本身的强度和纤维之间的结合强度，前者对板的强度影响明显。单根纤维的强度除了与纤维素的聚合度和结晶度有关外，与纤维本身的微观形态也有直接的联系。纤维素是组成纤维细胞的骨架和主体，是决定板强度的根本因素，同时细胞壁的厚度、壁腔比越大，强度越高。与木材相比，稻麦秸秆纤维素含量低、杂细胞含量多，同时细胞壁薄、长度短，因此，在制造脲醛树脂胶的稻麦秸秆纤维板时，需要通过增加施胶量和产品密度来弥补稻麦秸秆纤维的内在缺陷，使胶黏剂浸入纤维束的导管、筛管和薄壁细胞等的空腔中，除了增加由胶黏剂所产生的纤维之间的结合外，同时也增加了单根纤维的强度，从而在现有的生产条件下，制出满足使用要求的产品。

8.3 浸渍纸饰面纤维板

浸渍纸饰面纤维板，是通过加工技术或高科技手段对纤维板进行改造和深加工，将天然美观的木质装饰材料和模拟花纹图案真实性强的装饰材料胶贴在纤维板表面，制造出表面美观、大方、图案新颖、色调和谐的装饰板，使其表面具有耐热、耐水、耐磨等特性，既起到了装饰覆盖保护层的作用，又提高了纤维板内在的物理力学性能和使用价值。

8.3.1 浸渍纸饰面纤维板分类

(1)按使用的原材料分类

①浸渍纸饰面纤维板按基材可以分为：浸渍纸饰面中密度纤维板和浸渍纸饰面硬质纤维板。

②按浸渍树脂分为：三聚氰胺浸渍纸饰面板，改性三聚氰胺浸渍纸饰面板，脲三聚氰胺浸渍纸饰面板，酚醛树脂浸渍纸饰面板，三聚氰胺浸渍纸强化耐磨地板等。

③按装饰表面分为：单饰面纤维板(正面饰浸渍装饰纸，背面胶贴平衡纸)和双饰面纤维板(两面饰浸渍装饰纸)。

(2)按浸渍纸饰面纤维板的制备工艺分类

浸渍纸与纤维板直接贴面，可分为热—冷法和热—热法两种生产工艺。

①热—冷法：一般采用多层热压机贴面，压机升温后，把组装好的板坯送入压机压制，压制结束后热压板必须通入冷水进行冷却，待温度达到50℃时降压出板。这种方法制造出的贴面装饰板，其表面具有较高的光亮度及优良性能，这是因为在热压机内进行加压、加热、冷却下压出板，树脂经过缩聚反应与人造板表面形成性能比较好的树脂涂层，这一树脂涂层待冷却后其表面获得一定硬度和光亮度，并具有耐热、耐水、耐

磨、耐化学腐蚀等优良性能。

②热—热法：是采用低压短周期工艺，对贴面纤维板进行连续化生产的一种工艺方法，在压制结束时不需要冷却下压。这种生产工艺主要特点是热压周期短、温度高、压力低，生产效率高且节约能源。

上述两种方法制备的产品，热—热法制造出的光泽较柔和，如要求表面光泽很亮时，需要采用热—冷法贴面工艺。目前热—热法应用较为普遍。

8.3.2　浸渍纸饰面纤维板的主要原料及其技术要求

制造浸渍纸饰面纤维板的主要材料有浸渍原纸、合成树脂、纤维板基材等。其中浸渍原纸包括表层纸、装饰纸层、底层纸、平衡纸。

8.3.2.1　浸渍原纸

(1)装饰原纸——装饰层

装饰原纸是装饰花纹的印刷载体。把装饰原纸经浸渍树脂后，贴在纤维板的一面或两面，用来装饰纤维板，由于纤维板由木屑制成，故吸收性强。装饰原纸的主要技术要求是：①具有良好的适印性，即良好的油墨转移吸收性。②有一定的平滑度、纸质压缩性和柔软度。③具有良好的遮盖性，能遮盖纤维板粗糙的表面和底层纸酚醛胶的棕褐色，以保证装饰效果。在生产中贴面时大都是胶贴一层，为避免热压时底层胶液或板面的木屑、毛刺在其表面显现出来，制造装饰纸时在纸浆内应加15% ~35%钛白，以增强装饰纸的覆盖能力。④有良好的吸收性。如采用三聚氰胺树脂浸渍，则要求装饰原纸经浸渍能吸收三聚氰胺树脂，对低压短周期工艺要吸收达自重120% ~130%的三聚氰胺树脂，对高压法要吸收法达自重60% ~65%的三聚氰胺树脂。⑤具有足够的定量和厚度，目前生产中制作浸渍装饰纸，常采用定量规格为$(80\pm2)g/m^2$，$(100\pm3)g/m^2$、$(120\pm4)g/m^2$装饰原纸，应按照纤维板表面结构的状况来确定选用的装饰原纸的定量和厚度，板面微细、光滑平整时，可采用$80g/m^2$规格，板结构稍粗糙时，则选用$100\sim120g/m^2$规格。纤维经装饰纸贴面后，覆面板的强度可提高10%。

(2)表层纸——保护层

表层纸在塑料贴面板中形成透明的纸基树脂塑料。其主要技术要求是：①洁净无杂质；②吸收性好，经浸渍，能吸收达自重200%的三聚氰胺树脂；③具有高耐磨、抗污染、耐香烟灼烧、耐老化等的特性，高耐磨表层纸要填加氧化铝磨料，能达7000r的耐磨度。

(3)底层纸——骨架基础层

底层纸要求具有良好的抗拉伸、抗冲击、耐弯曲性能以及良好的吸收性。

(4)平衡纸——饰面的平衡

在低压短周期饰面工艺中，平衡纸用于纤维板背面，与纤维板正面的装饰纸相平衡，防止纤维板饰面后因正反面内应力不一致而发生翘曲。

8.3.2.2　合成树脂

浸渍用合成树脂一般是溶于水的一种低聚合物(又称预聚体)，制造各种浸渍纸贴面采用的主要树脂有三聚氰胺甲醛树脂、脲三聚氰胺甲醛树脂、脲醛树脂、酚醛树脂等。为了改善树脂的性能，在三聚氰胺树脂中常加入一些改性剂、助剂和填料等，称为改性或高度改性的三聚氰胺甲醛树脂。

不同浸渍纸贴面工艺可以采用不同的浸渍合成树脂，一般热—冷法贴面采用三聚氰胺甲醛树脂，热—热法贴面采用改性三聚氰胺甲醛树脂。但是考虑到经济性和用途不同，在浸渍技术上有多种变化方式，如采用二次浸渍法：一种做法是装饰纸第一次浸渍脲三聚氰胺甲醛树脂，经渗透烘干，再第二次浸渍三聚氰胺甲醛树脂；另外一种做法是把装饰纸浸渍脲三聚氰胺甲醛树脂，表层纸浸渍三聚氰胺甲醛树脂，在组坯时把表层纸铺放在最外面一层。总之，采用各种变换浸渍的作业方法，在生产上比较经济，而且保持了板面应有的特性和光亮度。

目前，饰面纤维板用浸渍合成树脂主要为改性三聚氰胺和酚醛树脂。

(1)三聚氰胺树脂

三聚氰胺树脂是三聚氰胺甲醛树脂的简称，是由三聚氰胺与甲醛在催化剂作用下经缩聚合成的，在木材加工中主要用于制造树脂装饰板(塑料贴面板)的装饰纸、表层纸及覆盖纸的浸渍，和人造板饰面纸的浸渍。

①三聚氰胺树脂的技术要求：三聚氰胺树脂是一种性能较好的合成树脂，具有很高的胶接强度、较好的耐水性(由于三聚氰胺在水中的溶解度相当低)和较高的耐沸水能力(能经受3h的沸水煮沸)；热稳定性高，低温固化能力较强，硬度高，耐磨性优异；其胶膜具有在高温下保持颜色和光泽的能力，固化速度快；有较强的耐化学药剂污染等能力。但由于其硬度和脆性高，易产生裂纹，同时纯三聚氰胺树脂成本高，所以一般都采用改性三聚氰胺树脂。

对作为浸渍用三聚氰胺的技术改进要求是：降低其脆性，提高其柔韧性；让其有足够的流动性。由于三聚氰胺树脂在使用中还存在低温易冻结、保存性能差的特点，因此还要提高其稳定性。

②改性三聚氰胺树脂的改性方法与实例：固化后的三聚氰胺树脂存在脆性大、易发生裂纹的缺陷，这是由于固化后的树脂具有高度的三向交联结构所引起的。另外，在固化的树脂中存在未参加反应的羟甲基，致使树脂具有某种程度的吸湿性，在湿度经常变化的大气环境中，树脂因吸湿、解吸而产生应力，最终也会导致脆性树脂发生裂纹。其改性办法一般是减少树脂的交联度，以增加其柔韧性，使脆性下降。如用醇类(乙醇)对树脂进行醚化；加入蔗糖、对甲苯磺酰胺、硫脲、氨基甲酸乙酯、己内酰胺以及热塑性树脂(如聚醚、聚酸胺)等进行改性。

用三聚氰胺中的一个氨基被甲基或苯基所置换，得到甲基鸟粪胺和苯基鸟粪胺来代替三聚氰胺而合成甲基(苯基)鸟粪胺甲醛树脂。用这种树脂制作的塑料贴面装饰纸胶膜本身柔顺，可挠不脆，树脂本身稳定性也好。另外在合成三聚氰胺树脂过程中加入聚乙烯醇，使三聚氰胺、聚乙烯醇和甲醛进行共聚，也可以增加树脂的韧性，降低脆性。

三聚氰胺树脂在使用中还存在着低温易冻结、保存性能差的缺点，这是由于初期树脂性质极活泼，结构不稳定，分子间易于相互结合，因而贮存时间短，一般不超过两周。为此有的厂家将其喷雾干燥制成粉末状，其保存期可达一年以上，使用时只要将粉末状胶重新用水溶解即可。也有的用双氰胺改性，可使树脂的水溶性得到改善，贮存稳定性大为提高。

配方实例见表8-16～表8-18。

表8-16　对甲苯磺酰胺改性三聚氰胺树脂的配方实例

原料	纯度	摩尔比	重量比
三聚氰胺	工业纯度	1	126
甲醛	37%	3	243.2
水	—	—	56.8
对甲苯磺酰胺	工业纯度	—	17.2
乙醇	工业纯度	—	19.3
氢氧化钠	30%	—	适量

注：此改性树脂适用于塑料装饰板的装饰纸及表层的浸渍。

表8-17　尿素改性三聚氰胺树脂的配方实例

原料	纯度	摩尔比	重量比
三聚氰胺	工业纯度	1	100
甲醛	37	2.77	178.5
尿素	工业纯度	—	16.5
硼砂	工业纯度	—	7
水	—	—	67
氢氧化钠	20%	—	0.43

注：此改性树脂适用于浸渍定量规格为20～22g/cm^{3}的硫酸盐纸，也适用于人造板饰面装饰纸的浸渍。

表8-18　聚乙烯醇改性三聚氰胺树脂的配方实例

原料	纯度	摩尔比	重量比
三聚氰胺	工业纯度	1	100
甲醛	37%	2.8	180
乙醇	95%	—	12.5
聚乙烯醇	工业纯度	—	2.5
水	—	—	32
氢氧化钠	30%	—	适量

注：此树脂适用于刨花板贴面用装饰纸的浸渍。

（2）酚醛树脂

酚醛树脂具有耐热性、耐水性、耐化学药品污染性，机械强度也很优良，但因颜色较深，作为表面装饰材料时只用于底层浸渍纸或对表面有求不高的场合。

① 酚醛树脂的技术要求：浸渍用酚醛树脂种类较多，常见的有醇溶性、醇水溶性、强碱水溶性和水溶性中性复合树脂，其中醇水溶性酚醛树脂在生产中应用较广泛，原因是醇水溶性酚醛树脂可克服强碱水溶性酚醇树脂浸渍纸固化速度慢、作业性能差、干燥

后易吸潮的缺陷，又可克服醇溶性酚醛树脂含游离甲醛较高、脱水产生的含酚废水易造成公害的缺陷。醇水溶性酚醛树脂具有不需脱水工序、含游离酚较低、浸渍作业性能较好、干燥后吸潮较小等优点，但其固化速度不快，成品板脆性较大，而且需耗用等于树脂量30%的酒精，成本较高。

为了进一步提高浸渍质量，对酚醛树脂的技术改进要求是：贮存稳定，含游离酚低，固化速度快，与氨基树脂结合优良，不用酒精，成品色浅，有良好的耐水性和柔韧性。

② 酚醛树脂改性：为了获得性能优良的酚醛树脂，近来开发了一种水溶性中性复合树脂，以苯酚、甲醛为基本原料，以聚乙烯醇、低分子酰胺化合物、对甲苯磺酸等为改性剂，制成中性复合树脂水溶液，其具有贮存稳定、含游离酚低、固化速度快、与氨基树脂结合优良等特点，不使用酒精，成品色浅，有良好的耐水性和柔韧性。几种典型浸渍纸用酚醛树脂质量指标见表8-19。三聚氰胺改性酚醛树脂配方见表8-20。

表8-19 几种典型浸渍纸用酚醛树脂质量标准

质量指标	醇溶性酚醛树脂	醇水溶液酚醛树脂	强碱水溶液酚醛树脂	水溶性中性复合树脂
固态物含量(%)	50~70	36~40	54~59	44~46
黏度	100~130	50~70	40~60	50~75
游离酚	14 (用酒精调)	4~6 (用酒精水溶液7:3调)	5	<2
密度(g/cm^3)	0.93~0.95	1.12~1.14	1.15~1.12	1.14~1.15 (使用前调pH值为中性)
聚合速度	55~90	70~90	80~100	50~70
外观(透明液)	浅樱桃红	浅红褐色	红褐色	浅樱桃红
贮存时间(d)	>30	<60	30	>30

表8-20 三聚氰胺改性酚醛树脂配方

原料	摩尔比	重量比	原料	摩尔比	重量比
甲醛(一)(37%)	3.01	12	氨水(一)(25%)	—	1.5
甲醛(二)(37%)	1.22	42	氨水(二)(25%)	—	0.65
稀氨水	—	0.72	油酸(一)	—	0.43
烧碱液	—	0.82	油酸(二)	—	0.43
苯酚(100%)	1	40	乙醇	—	30~40(调中间黏度)
三聚氰胺	1	6	丙酮	—	1.7~2.0

8.3.2.3 纤维板基材

纤维板作为表面装饰加工的基材，主要使用硬质纤维板、干法纤维板及中密度纤维板。由于它不同于天然木板及胶合板，没有节疤、虫眼、开裂、夹皮、树脂道、导管等材质缺陷，因此在贴面装饰时可以采用较高的压力(2.0~3.0MPa)，其胶合效果和耐久性较好。硬质纤维板一般在160~190℃热压成型，其后在150℃左右的热风下进行后期热处理，因此，贴面装饰也可以采用较高的温度。

纤维板作为表面装饰加工的基材，必须满足以下技术要求：

①厚度均匀：厚度公差小，则贴面时胶黏剂或胶膜纸内的树脂在板面均匀熔融流动，形成光洁平滑的表面。若厚度不均，板面各处压力也不一致，将导致产品板面光泽不匀。

②含水率均匀：湿法硬质纤维板经热压卸出的板子含水率为 2% ~4%，要经过等湿处理，让含水率得到均匀调整，使其在装饰加工前为 8% ~12%，其中热—热法工艺要求为 6% ~8%；热—冷法工艺为 6% ~12%。

③有足够的强度：作为基材的纤维板，其物理力学性能必须达到 GB 12626. 2—1990 标准中一、二级产品的指标。

④板面平整、质地均匀：用于表面装饰的纤维板，表面必须平整。而且要求两面砂平，除去蜡质，使其平滑。

⑤ 密度稍大：硬质纤维板密度为 1g/cm^3。

⑥板面无翘曲：板面翘曲度不得超过 5%，以适应贴面装饰连续化、机械化生产，并使贴面材料不致发皱或拉裂。

8. 3. 3　浸渍饰面纤维板的制造工艺

浸渍纸饰面纤维板制造过程分两步：第一步是制作各种专用浸渍纸（表层、装饰层、覆盖层、底层、平衡层）；第二步是选用表面结构及质量好、符合国家标准的纤维板，与前者组合好板坯，放入热压机内压制，制成浸渍纸饰面装饰板。

下面以低压短周期法三聚氰胺树脂浸渍饰面纤维板工艺为例进行介绍。

8. 3. 3. 1　三聚氰胺浸渍纸制备

制备原理如下：

装饰原纸 —(低压三聚氰胺树脂)→ [浸渍] → [干燥] → 三聚氰胺树脂浸渍纸

浸渍是树脂在纸内与空气的交换过程，把纸内毛细管中的空气和水分排除，使树脂注入进去，经过加温使树脂缩聚，便制成了胶纸。胶纸质量的好坏是通过检验纸内树脂含量、挥发物含量、树脂的流动性来评判，而浸渍设备的精度、原纸的性能、树脂品种是保证浸渍胶纸质量的重要条件。

常用浸渍干燥工艺如下：

①适用于高压法生产树脂装饰板各层浸渍纸及低压法底层纸的工艺：

原纸 → [一次浸渍] → [干燥] → 浸渍纸

②适用于低压法装饰纸的工艺：

原纸 → [单面增湿] → [一次浸渍] → [干燥] → 浸渍纸

③适用于低压法装饰纸和先后浸渍两种不同胶种的工艺：

原纸 → [单面增湿] → [一次浸渍] → [干燥] → [二次浸渍或单面涂胶] → [干燥] → 浸渍纸

(1) 树脂液的配制

合理的树脂浓度是保证浸渍纸达到所要求树脂含量的关键。树脂浓度一般依据原纸的吸水性即渗透性能、所要求的固态物含量、聚合度、浸胶速度来调节，一般以水和乙醇作溶剂来进行调整。

浓度和相对密度有一定关系，生产中常用胶液相对密度来配置胶液浓度。表 8-21 为对甲苯磺醛胺改性的三聚氰胺树脂胶液配制的各种原纸对树脂液相对密度(浓度)的要求。

表 8-21　对甲苯磺醛胺改性的三聚氰胺树脂胶液的配制

原纸类型	胶液相对密度	
	立式浸胶机	卧式浸胶机
表层纸原纸	1.080 ~ 1.085	—
装饰纸原纸	1.140 ~ 1.150	—
覆盖纸原纸	1.120 ~ 1.135	1.140 ~ 1.145

(2) 浸渍干燥工艺

原纸浸渍胶液时，要求胶液能充分浸透到纸纤维之间及纤维内部，这就必须边浸透边排出空气。如可让原纸倾斜进入胶槽，使原纸的网面先接触胶液而浸润，让空气从纸的正面排出；又如按图 8-7 所示，让原纸先通过增湿辊，由于原纸网面被增湿辊压密实并先被胶液湿润，就迫使空气从较松的正面逸出。胶槽一般应保护胶液温度在 20 ~ 25℃ 范围内，保持温度相对恒定的目的，是使胶液黏度基本不变，对原纸的渗透性均匀一致。挤胶辊之间的间距可根据所要求的树脂含量调节，以之挤走多余的胶，再经刮刀刮去表面浮胶，即可进入干燥装置。

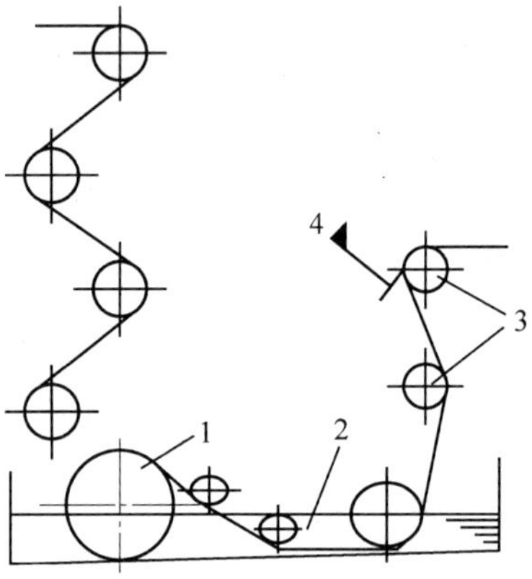

图 8-7　浸　胶

1. 增湿辊　2. 胶槽及槽辊　3. 挤胶辊　4. 刮刀

干燥方式可采用热空气干燥或红外线干燥。按拟定牵引速度先进入干燥装置入口端的低温区，先挥发掉水、乙醇等溶剂，再通过高温区，使树脂进一步缩聚达到要求的残留挥发分。如入口即通过高温区，表层树脂很快缩聚硬化，阻碍内部水分、溶剂挥发，将导致制品表面产生裂纹等缺陷。

8.3.3.2　配坯方式

用三聚氰胺树脂浸渍纸进行人造板表面装饰时，一般仅在人造板表面贴一层表层浸渍纸或装饰浸渍纸，而背面不贴或贴一层用脲醛树脂或酚醛树脂浸渍的浸渍纸。低压法或低压短周期法三聚氰胺浸渍纸贴面，一般在基材表面有如图 8-8 所示的几种基本覆面形式。这几种形式中，(c)型是较常用的；(d)、(e)型表面物理性能好，但成本较高；(a)、(b)型适于以表面纹理美丽的胶合板作基材时使用。配坯时，原纸应比基材略大，纸各边的余量为 15mm。

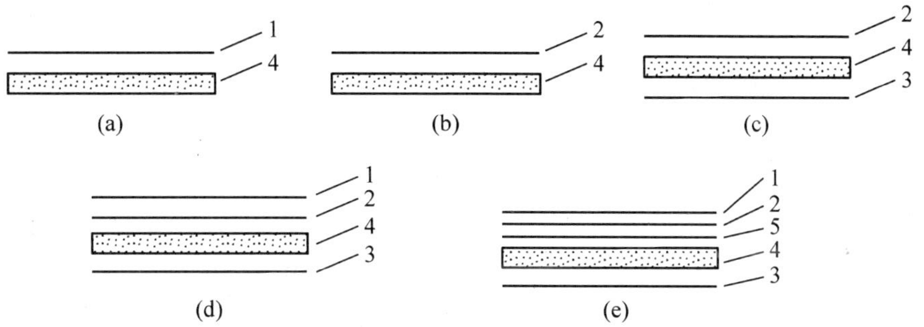

图 8-8　浸渍纸基本覆面形式

1. 表层纸　2. 装饰纸　3. 底层纸　4. 基材　5. 覆盖层

8.3.3.3　热压工艺

(1)低压法

浸渍纸贴面采用热压工艺，三聚氰胺树脂改性后提高了流动性，可以采用低压法生产工艺，但要求基材表面平整、光滑、结构均衡。在表面光泽要求不太高的情况下，可采用热—热法加压工艺，但在表面要求很高的情况下，仍需采用热一冷法加压工艺。

热压的温度主要取决于树脂熔融及固化所需要的温度，但亦要考虑到纤维板的耐热性能。一般表面贴面加工时，希望热量尽可能不传递到纤维板上去，但加热叫间长的话，必然会使纤维板温度上升。纤维板在制造过程中已受过高温高压处理，在贴面时温度高些问题不大。

选择热压温度一般还要考虑热压时间，为了使树脂熔融及固化，可以采用短时间高温工艺，也可采用长时间低温工艺。短时间高温，因热量来不及往纤维板传递，所以纤维板升温不太高，可防止收缩；而低温长时间，热量有足够的时间往板坯传递，易引起纤维板变形，但能防止因树脂固化不足而引起的表面裂纹。一般贴面温度为 135 ~ 150℃，热压时间为 10 ~ 20min 。由于树脂经改性后流动性提高，压力可取 15 ~ 25MPa。

低压法的热压时间虽然只需 10 ~ 20min ，但仍然太长。为进一步缩短热压周期，欧洲发明了低压短周期法，热压时间可缩短到 1min 左右。

(2)低压短周期法

低压短周期法贴面对原纸、三聚氰胺树脂胶、配坯及热压工序的设备等都提出了更高的要求。

①对原料的要求：

a. 三聚氰胺树脂浸渍纸的树脂含量要求达到 100% ~ 150% ，因此要求原纸有非常好的渗透性；

b. 经增塑剂改性后的三聚氰胺树脂应具有很好的流动性，以便在温度 150℃ 、压力 2 ~ 3MPa 的条件下能迅速流展、固化；

c. 添加在树脂中的热反应性催化剂应使树脂在进入压机后迅速熔融流动，并达到固化状态；

d. 要求树脂在高温状态下可卸压而表面不开裂，具有一定的光泽，具有与普通低压法产品相同的表面物理性能；

e. 浸渍纸及树脂应具有足够的贮存期。

在实际生产中，为降低成本，一般常在三聚氰胺树脂中添加部分脲醛树脂作浸渍用。

②对热压设备的要求：另一个关键点是从设备上保证短周期的实现。由于在三聚氰胺树脂中加有热反应性能催化剂，因此在板坯装入压机及卸出压机时要求非常迅速，压机闭合速度要快，否则易造成树脂的预固化和过固化，导致装板表面开裂、光泽不均或失去光泽。这样只能采用大幅面的单层压机，并且把上垫板(一抛光不锈钢板)固定在热压板上，每次装板仅将装饰纸浸渍纸与基材送入压机。在无上垫板的情况下，板坯高速送入压机时浸渍纸易产生漂移，目前采取的解决办法是点状加热板坯的两端，使树脂点状局部固化与基材粘在一起，或制造一种夹具和卸板装置固定在一起，在卸板的同时由夹具夹着板坯进入压机。在卸板时，如将板坯拉出热压机后再进行分板，则表背两面受热情况不同，解决的办法是将真空吸盘伸入压机，在热板张开后立即将板坯吸离热板。但总的来说，使用卧式单层压机，板坯表背两面加热情况是不一致的，这种差异对于短周期来说其影响显得很大，因此有些国家将下压板的温度降低，使上下热板有8℃的温差，以补偿这种差异产生的影响。

采用立式压机可使基材两面同时加热，两面可同时贴面、同时加压，压力均匀，但厚度小于8mm的基材在操作上有困难。

③低压短周期法浸渍纸饰面的生产工艺：采用热上、热下的工艺，设备为单层上压式热压机，其加热介质可以是蒸汽、热水或导热油，完成一个热压周期只需50～70s。短时间的加压不但提高了生产效率，同时也减少了板坯受压时间，减少了基材的压缩率。由于热压时间短，基材不致于全部受热产生水蒸气而导致卸压时板坯放泡。

要在短周期内使板坯完全固化，热压温度尤为重要。较适宜的固化温度要达到190～200℃。由于热压板温度高，为防止先接触热压板的浸渍纸面提前固化，压机闭合时间一定要短，避免板坯在无压状态下固化。

生产不同类型的板面，单位压力的选择也不同。柔光板面的饰面板，压力不需过高，而生产光亮面的饰面板，则应适当增加压力。常用的低压短周期法热压工艺条件为：热压温度150～170℃；单位压力2～3MPa；固化时间50～70s。对固化时间与温度的关系，经测试，苏州SL9200型快速压贴机得出的数据见表8-22。

表8-22 固化时间与温度的关系测试数据

测试项目	1	2	3	4	5
热压板温度(℃)	170	165	160	155	150
固化时间(s)	50	55	60	65	70

注：这些数据不是每台压机都适用，需实测得到。

④低压三聚氰胺浸渍过程操作要点：低压三聚氰胺浸渍纸的生产过程一般分成六个阶段，即准备阶段、增湿阶段、浸渍阶段、涂胶阶段、干燥阶段和后处理阶段。

a. 准备阶段：要求原纸卷必须是在开始浸渍之前才能打开；浸渍前要检查浸渍纸是否清洁、无载辊筒旋转是否灵活；如果原纸是几种颜色，那么必须按白色、最浅色到深色、黑色纸的顺序浸渍，这样可有效避免因意外而使纸串色。

b. 增湿阶段：在纸背面先浸入树脂，要保证浸胶均匀，避免出现未沾胶或沾胶很少的干斑点；在纸进入浸渍阶段前，应彻底排出纸中的空气，以避免浸渍 MF 后在表面形成气孔；要控制好纸带的下张紧度，防止褶皱和破裂。

c. 浸渍阶段：要调节好胶槽中胶的深度，树脂液必须深度渗入纸的中心，若是浸渍后纸中心有未浸到胶处，会使浸渍纸形成皱痕和气孔。要调节好计量辊的间隙、辊的旋转速度及纸带的张紧度。

d. 涂胶阶段：要特别注意保证反向涂胶辊和雕刻辊筒的高度清洁，每次停机后必须及时清洗；要注意刮刀刃口的磨损程度，及时更换，以保证与计量辊及雕刻辊接触平滑，并保持线接触，刮刀与辊筒接触的压力越低越好。在涂胶槽中，通常要保证胶循环量为纸有效吸收量的 4 ~5 倍。若树脂中含有耐磨颗粒，这时树脂粘性高，要保证耐磨颗粒始终处于悬浮状态，必须使树脂胶循环量至少达到纸有效吸收量的 10 倍。

e. 干燥阶段：要按工厂实际情况，设定好干燥温度、风速、空气排放量。干燥温度应精确调节，以确保浸渍的树脂有合适的聚合度和挥发分含量，并防止树脂沸腾、烘烤过度或粉末化。热交换器和干燥机喷嘴要定期清扫，纸带要保持良好的张紧度，因为张紧不足会导致纸变形和破裂，过度张紧则会出现纸中间部分折叠而边缘形成波浪状。

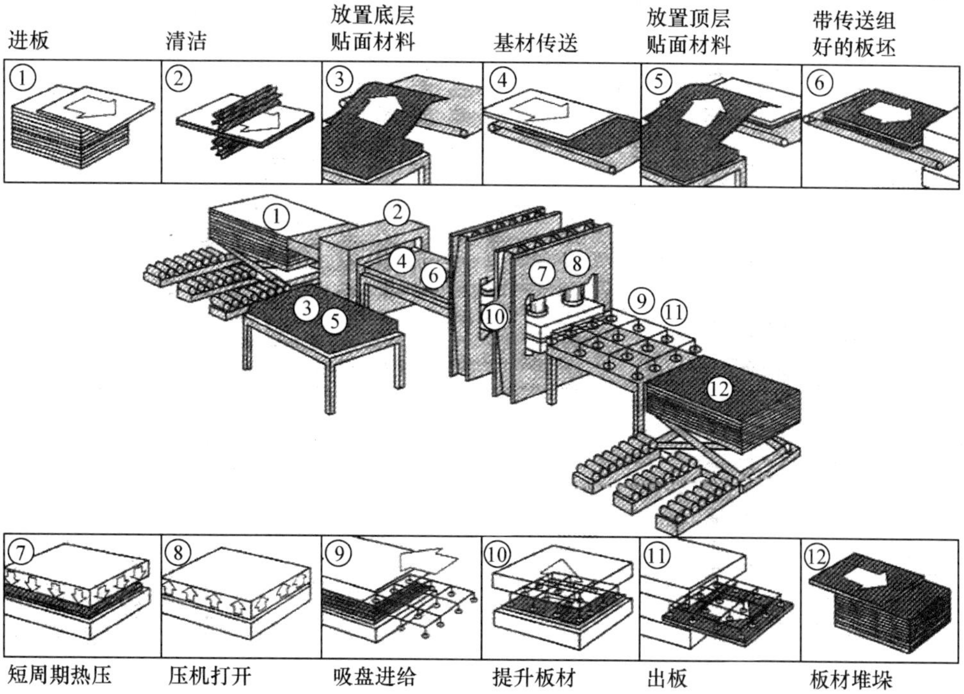

图 8-9　低压短周期法贴面板生产工艺流程图(单层压机)

干燥分两个部分，纸浸渍后经前段干燥机干燥后，含水率为 10% ~12%；涂胶后经后段干燥机干燥，最终含水率在 6% ~6.5%。

f. 后处理阶段：在纸截断或卷起之前，要确保充分冷却(降到 20 ~30℃)；纸截断后要除静电；要保证输送台有良好的平整度；要控制好成品纸的最终含水率。存贮时，装有浸渍纸的托盘要用塑料薄膜覆盖，以保证三聚氰胺浸渍纸的洁净；存贮区应装有空调系统，温度保持在 20 ~25℃，湿度范围为 50% ~70%。

浸渍车间的整体环境要保持清洁，最好装有空调系统；要有必须的水池，使工人在搬运原纸或浸渍纸前能够洗手。总的来说，有清洁适宜的贮存区域和生产车间，才有利于最终保证浸渍产品的优良性能。

⑤低压短周期法生产三聚氰胺浸渍纸贴面板工艺流程举例。目前低压短周期法已获得广泛应用，是人造板表面装饰的主要方法之一。图 8-9 所示为低压短周期法生产三聚氰胺树脂浸渍纸贴面刨花板工艺流程图(单层压机)。

本章小结

干法无胶纤维板制造技术，是一种不依赖于胶黏剂而实现生产环保型纤维板的新技术。该技术可在中密度纤维板生产线上，将活化剂在热磨系统中添加于木片上，进行热磨分离成纤维，再经干燥、铺装、预压、热压等工序生产无胶纤维板。用于纤维板生产的非木材原料种类很多，如竹材、蔗渣、棉秆、稻麦秸秆等，与木材原料相比，非木材纤维板原料在宏微观构造、物理力学性能和化学性能等方面均有一定的差异。因此，以非木材原料生产纤维板的工艺与木材纤维板有所区别。浸渍纸饰面纤维板是一种特殊的纤维板，需要根据纤维板的类型和产品技术要求，选择浸渍纸和饰面纤维板的相应生产工艺。

思考题

1. 什么称为无胶纤维板？
2. 影响干法无胶纤维板生产工艺的因素有哪些？简述每个因素的作用。
3. 用于纤维板生产的非木材原料有何特点？
4. 如何控制非木材纤维板的工艺？
5. 浸渍纸饰面纤维板对原料有哪些要求？
6. 浸渍纸饰面纤维板是如何分类的？
7. 简述浸渍纸饰面纤维板的生产工艺。

参考文献

顾继友，胡英成，朱丽滨 . 2009. 人造板生产技术与应用[M]. 北京：化学工业出版社 .
顾炼百. 2011. 木材加工工艺学[M]. 2 版 . 北京：中国林业出版社 .
周定国 . 2011. 人造板工艺学[M]. 2 版 . 北京：中国林业出版社 .
李坚，郑睿贤，金春德 . 2010. 无胶人造板研究与实践[M]. 北京：科学出版社 .
陆仁书，等 . 1993. 纤维板制造学[M]. 2 版 . 北京：中国林业出版社 .
王恺，等 . 2002. 木材工业使用大全 · 纤维板卷[M]. 北京：中国林业出版社 .
向仕龙，等 . 2010. 非木材植物人造板[M]. 2 版 . 北京：中国林业出版社 .
徐咏兰 . 2002. 中高密度纤维板制造与应用[M]. 吉林：吉林科学技术出版社 .